Contemporary Classics

今こそ名著

孫子の兵法

信念と心がまえ

孫武

青柳浩明◎編訳

日本能率協会マネジメントセンター

まえがき

『孫子の兵法』は『論語』と並ぶ中国古典の聖典ですが、後世の人々が『論語』は政治・人間分野、『孫子の兵法』は戦争・戦略分野、とそれぞれ別世界のものと分類したことにより、この二つの古典の共通点はほとんど知られていません。

その共通点とは、一つが、共に、中国の春秋時代という日々戦争に明け暮れていた時代に生み出された思想哲学であり、『論語』の孔子と『孫子の兵法』を著した孫武はおよそ一六歳しか離れておらず、『史記』という歴史書によれば孔子の弟子である子貢は孔子の指示を受け孫武が将軍を務める呉国に軍事上の外交交渉に赴いたことから、当時お互いの存在を知っていたことがうかがい知れます。

もう一つが、当時の判断基準の主流であった占いや運に頼ることなく、人間に対する徹底した洞察と、その人間が構成する組織の性格や感情を踏まえて、その組織におけるリーダーの意思決定や危機回避の哲学（一貫性のある判断基準）を究明した二人であるということです。

孔子は政治の世界において、孫武は軍隊の世界においてそれぞれ活躍しましたが、この両者の深淵にある、リーダーがもつべき、「仁」（ヒューマニズム）や「義」（何を判断基準とするのか）などの思想哲学は同じ頂点に至っていると私は確信します。

『孫子の兵法』は「戦争」という究極的な危機的状況に限定した単なる技術論にとどまらない汎用性のある人間哲学・思想に至るため、二千五百年以上の長きにわたり古今東西の多くの人々に影響を与え続け、『聖書』に次いで二番目によく読まれています。

古くは、西暦二〇〇年頃に活躍した「三国志」の英雄・曹操《そうそう》（魏の武帝）は部下育成のために自ら筆をとり自身の体験を織り交ぜた注釈本『魏武帝注孫子』を著します。現在われわれが目にする『孫子の兵法』の底本はこの曹操による注釈本です。

また、曹操のライバルであった蜀の劉備玄徳《りゅうびげんとく》の下で軍師として活躍した諸葛孔明《しょかつこうめい》も『孫子の兵法』を研究し実践していました。

日本では、『孫子の兵法』の一節から「風林火山」という旗印を用いた武田信玄、忠臣蔵で知られる赤穂藩に赴任した山鹿素行、軍神と称された東郷平八郎など多くの武人や軍師が学びました。

もちろん軍事関係者だけではありません。近代においては「経営の神様」と称された松下幸之助氏は、「中国古代の先哲である孫子は、神様のような人だ。我が社の社員は、孫子に深い敬意を払い、彼の言葉を暗唱し、実際の仕事に応用しなければならない。それができてこそ会社は発展する」と絶賛しています。

米国においては、ジョージ・W・ブッシュ元大統領は、毎回、選挙戦に出るときは常に『孫子の兵法』を携帯していたと言われ、ビル・ゲイツ氏も『孫子の兵法』を推奨しています。

本書が、混沌としたこの時代を生き抜くあなたにとり、これからを歩み続ける寄る辺の一助となれば、望外の喜びです。

青柳浩明

平成二九年三月

孫子の兵法　信念と心がまえ　◎　目次

第3章 謀攻篇

第4章 形篇

第11章 九地篇

第12章 火攻篇

第13章 用間篇

第3部　孫子の哲学

●古代中国年表

時代	中国	時代	日本
殷	紀元前1500頃、殷王朝　興る	縄文時代	約1万年前から紀元前3世紀頃まで 竪穴住居 打製石器　磨製石器　骨角器 狩や漁 青森県三内丸山遺跡（縄文時代前期中頃から中期末） 佐賀県吉野ヶ里遺跡（縄文時代末期頃から古墳時代）
	前1200頃、周（西周）　興る		
西周	前1046、牧野の戦いで周が殷を倒す		
春秋	前771、東周　興る～春秋戦国時代の始まり		
	前771～前403、春秋時代		
	前683、長勺の戦いで魯が斉を破る		
	前638、泓水の戦いで楚が宋を破る		
	前632、城濮の戦いで晋が楚を破る		
	孔子（前551生～前479没）		
	孫武（前535？生～？没）		
	前515、闔閭の呉王即位、孫武を軍師として登用		
	前512、孫武、将軍として大国楚の衛生国の鐘吾国と徐国を攻略		
	前506、柏挙の戦い、呉王闔閭、孫武と伍子胥を左右の将にし楚を破る		
	前496、闔閭、越攻めの際の傷がもとで亡くなる		
	前494、孫武、呉の太子夫差を補佐し、越を攻略		
	孔子（前550生～前479没）		
	前353、桂陵の戦いで孫武の子孫とされる孫臏が活躍		
	前341、馬陵の戦いで孫臏が斉の軍師として魏を破る		
戦国	前403～前221、戦国時代始まる	弥生時代	紀元前3世紀頃から紀元3世紀頃まで 米作り、たて穴住居、高床式倉庫、豪族の登場
	前279、即墨の戦いで斉が5か国連合軍を撃退		
秦	前221、秦の始皇帝、中国を統一		
	前204、井陘の戦いで韓信と重耳の漢軍が背水の陣を用い、趙軍を破る		
	前202、垓下の戦いで劉邦の漢軍が項羽の楚軍を破る（四面楚歌）		
前漢	前202～紀元8世紀、前漢		
	97、司馬遷、「史記」著す		57、奴国王が中国（後漢）に使者を送り、中国の光武帝が金印を授ける
後漢	25～220、後漢		107　倭の国から後漢に使者を送り、交わりを始める
	184、黄巾の乱		184頃、女王卑弥呼が邪馬台国に都を置く
	208、赤壁の戦いで孫権・劉備連合軍が曹操軍を破る		
三国	220～280、魏呉蜀三国時代		239、邪馬台国の卑弥呼が中国（魏）に使者を送る
西晋	280、晋、中国を統一		285、中国から漢字伝来
東晋	383、淝水の戦いで東晋が前秦を破る	古墳時代	350頃、大和朝廷が国内統一
			391、大和朝廷が朝鮮に出兵

●春秋時代（紀元前500年頃）の中国

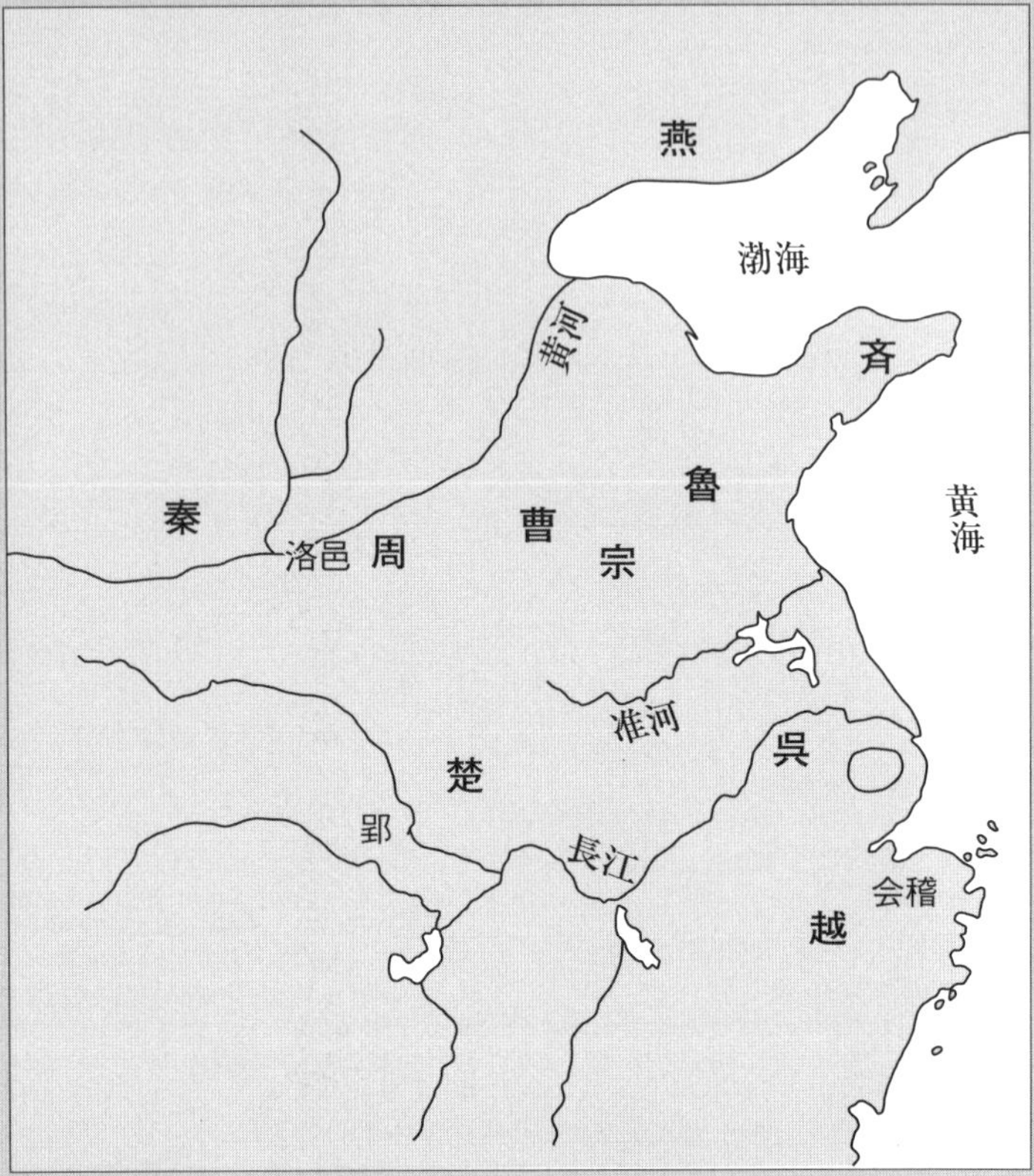

第1部

兵法書『孫子』と軍師「孫武」

1 『孫子』と孫武

●兵法書『孫子』の誕生

『孫子』は、いまからおよそ二千五百年前の春秋戦国時代（日本では縄文時代から弥生時代に移る頃）の中国で、呉王闔閭《こうりょ》に仕えた将軍、孫武《そんぶ》により著された兵法書である。

孫武は、戦争における勝敗は運ではなく、人為によるものだとした。戦争は鬼神（先祖の神のご加護）や占い任せであったとされた時代に、孫武は「兵法」として確立した。

それはただ勝つための技法を説くだけでなく、なぜ戦うのか、戦うにあたって自国はもちろん敵国の国民や資源の損害を最小にする思想を根底に敷いている。そこには、国民の生命を守ることが国を維持し、成長させる絶対条件であるとの思想が読み取れる。

つまり戦争は極力避ける――。これが孫武の主張なのである。

闔閭：呉国の第六代王。生年不詳、前四九六年没。孫武、伍子胥を軍師に取り立て、大国楚を打ち破ろうとするも叶わず。

孫武：『孫子』の作者と伝わる。生年前五三五年伝、没年不詳。中国春秋時代の軍師。斉国に生まれ、呉国王闔閭に仕える。

故に善く兵を用うる者は、人の兵を屈するも而《しか》も戦うに非《あら》ざるなり。人の城を抜くも而も攻むるに非ざるなり。人の国を毀《やぶ》るも而も久しきに非ざるなり。必ず全《まった》きを以て天下に争う。故に兵頓《つか》れずして利全くすべし。此れ謀攻の法なり。（謀攻篇）

（だから、戦に長けた者は、敵兵と戦わずに屈服させ、城攻めをせずに落城させ、長期戦にもちこむことなく敵国を崩す策を謀る。こうして敵を無傷のまま傘下に治める戦略で天下を争う。これにより自軍も兵力を損なうことなく、完全な利得を手にできる。これが謀略による攻撃の原則である。）

だから、単に領土拡大だけのために戦争を起こすことは下策としている。仮に戦わざるを得なくなったとき、国有資産の損失や国家衰退に陥らないために、敗北は決して許されない。そして、国家および国民の経済的負担を増大させる、戦争の拡大や長期化は許されない。さらには、大切な国民を徴兵している以上、無駄死にさせることも許されない。

其の戦いを用うるや久しければ、則ち兵を鈍《つか》らせ鋭《えい》を挫《くじ》く。城を攻むれば則ち力屈《つ》き、久しく師を暴《さら》さば則ち国用《こくよう》足らず。夫《そ》れ兵を鈍《つか》らせ鋭を挫《くじ》き、力を屈《つ》くし貨を殫《つ》くすときは、則ち諸侯其の弊《へい》に乗じて起こる。智者ありと雖《いえど》も、其の後《あと》を善くすること能《あた》わず。（作戦篇）

（戦争が長引けば、兵が疲れて士気も落ちる。その状態で敵城を攻撃すれば、戦力は尽きる。また、長期間におよぶ軍の露営は、国の財政に負担がかかり、危機につながる。長期戦で兵が疲れて士気が落ち、やがて戦力も失われて国の資金も使い果たせば、周辺諸国が攻め込んでくる。こうなっては、たとえ知将がいても、もはや万策尽きた状態である。）

加えて、開戦した以上は、できるかぎり早期に、最小限の損害で、勝てずとも不敗で戦争を終結させ、敵国の思惑を断念させなければならない。

故に兵は拙速なるを聞くも、未だ巧久《こうきゅう》なるを睹《み》ざるなり。夫《そ》れ兵久しくして国の利する者は、未だこれ有らざるなり。故に尽《ことごと》く用兵の害を知らざる者は、則ち尽く用兵の利をも知ること能わざるなり。（作戦篇）

巧久：長引いて巧みであること。

（戦争は、戦い方が悪くても早く決着をつけるのがよく、戦い方が上手でも長引くのはよくない。長期戦で利を得た国のことをこれまで聞いたためしがない。だから、長期戦の損失を熟知しなければ、戦争による利得を知ることはできない。）

これが『孫子の兵法』の大義である。

●春秋戦国時代の兵法書

『孫子』は、中国、宋時代の元豊年間《げんほう》（一〇七八～一〇八五年＊）に武学における学習すべきものとして定められた武経七書《ぶけいななしょ》の一つである。『孫子』以外には、『呉《ご》子《し》』『尉繚子《うつりょうし》』『六韜《りくとう》』『三略《さんりゃく》』『司馬法《しばほう》』『李衛公問対《りえいこうもんたい》』がある。この六冊の概要について簡単に触れておく。

『呉子』…中国の戦国時代に著されたとされる兵法書。呉起という人物を主人公とした物語形式であるが、呉起が著者であるかどうかは定かではない。現存し

＊元豊年間：日本では平安時代中期から後期に入る、白河天皇の時代の頃。

ている『呉子』は六篇であり、『孫子』と異なり、戦術面に特化し、部隊編制の方法、地形ごとの戦い方、士気向上方法、騎兵・戦車・弩弓《どきゅう》（大型の石弓）の運用方法などを説く。

『尉繚子』…中国の戦国時代に尉繚によって書かれたとされる兵法書。尉繚という人物がどういう出自・経歴かは不明である。『孫子』『呉子』『孟子』『韓非子』等の要素を統合してより高度な軍事・政治理論を構築した内容となっている。自国の利益を得る目的による軍事行動を厳しく非難する一方、大義名分があれば先制攻撃も容認する。

『六韜』…全編が太公望呂尚《たいこうぼうりょしょう》が周の文王・武王に兵学を指南する設定で構成される。「韜」は剣や弓などを入れる袋の意味である。文・武・竜・虎・豹・犬の六巻から成る。このうち秘伝書とされる「虎韜《ことう》の巻」は教科書の種本等の意味で使われる「虎の巻」の語源となった。

『三略』…呂尚が書き、黄石公《こうせきこう》が選録したとされるが、殷や周の頃は戦車戦であるが騎馬戦に触れていたり将軍という用語を用いている点などから、偽書とも考えられている。

『司馬法』…斉《せい》国の将軍、司馬穰苴《しばじょうしょ》が、斉の威王が家臣に命じて、伝承される

太公望呂尚：前一一世紀に活躍した人物。周文王の軍師から後に斉国王となる。釣の名士太公望という呼び名は呂尚の釣の逸話から来ている。兵書『六韜』『三略』を著したとされるが真偽は定かではない。

文王：周王朝の始祖。前一一五二～前一〇五六年。聖人（名君）として伝わる。

武王：周王朝の創始者。文王の次子。前一〇二一年没。暴君紂王に苦しめられていた殷を滅ぼす。

黄石公：秦の仙人。秦の始皇帝を暗殺しようとした張良に呂尚の兵書を与えたと伝わる人物。

司馬穰苴：春秋時代の斉国の将軍。生没年不詳。

威王：斉国の第四代王。生年不詳、没年前三二〇年。

斉の兵法を研究させ、それに司馬穰苴が作った兵法を付け加えてまとめたというのが有力な説である。斉は、周王朝時代、兵法の開祖といわれる太公望が治めた国であり、春秋戦国時代には兵法や学問が盛んに研究された。孫子も斉人である。現存は五篇だが、もともとは一五五篇あったとされる。

『李衛公問対』…中国の唐代に阮逸《げんいつ》によって書かれたとされる兵法書であり、全三篇から成る。「問対」は質疑応答という意味で、唐太宗と将軍李靖《りせい》が歴代の兵法と兵法家などと話し合う形で構成される。

●孫武という人物

孫武は紀元前（以下、前）五三五年頃（＊）、古代中国の一国、斉《せい》に生まれた。姓は孫、名は武、字《あざな》は長卿《ちょうけい》という。名前の武は「戈《ほこ》＋止《あし》」で、戈を手にして堂々と足で前進する様子を意味する。なお、字とは成人男性が名以外に付けたものであり、呼び名に近い。

斉国の大夫、後に田斉《でんせい》王家となる名門・田氏の家系の孫武は若い頃から兵法書を学び、黄帝と四帝の戦い（行軍篇1参照）や古代の伊尹《いいん》（用間篇6参照）、呂尚《りょしょう》（用

唐太宗：唐の第二代皇帝。五九八～六四九年。中国歴代の名君の一人とされる。
李靖：唐の太宗に仕えた政治家・武将。五七一～六四九年。
大夫：領地をもった貴族の身分で、大夫の上が卿、下の位が士。
黄帝：中国を統治した最初の帝。前二五一〇～前二四一八年。
伊尹：古代中国の王朝である殷（前一七～一一世紀）の成立に関わったとされる政治家。
＊紀元前五三五年頃は日本では縄文時代。

間篇6参照）らの戦略戦術を研究したとされる。

前五一七年頃、内紛により孫武は江南の呉国へと逃れ、そこで後の莫逆《ばくぎゃく》の友（非常に親しい友人のこと）となる呉国の宰相伍子胥《ごししょ》の知遇を得る。一八歳頃のことである。その後、山間にこもり兵法書『孫子』の執筆に入る。

前五一五年、呉国の王に闔閭《こうりょ》が即位すると、伍子胥は闔閭に『孫子兵法』（現在の『孫子』）を献上し、数回にわたり兵法家として孫武を登用するよう説き、二〇歳になる頃、ようやく孫武は闔閭との面会が叶う。

このとき、孫武は改めて呉王に兵法一三篇を説いたとされるが、いまに伝わる『孫子』一三篇と同じものかどうか、正式には立証されてはいない。

このときの孫武が闔閭に登用されたエピソードが、『史記』孫子呉起列伝第五に記されている。「孫子勒姫兵《ろくきへい》」と呼ばれるものである。

――闔閭は、孫武に『孫子兵法』の実践を宮中の婦人で試すように促す。

孫武はそれを了承すると、宮中の美女一八〇人を集合させ、二つの部隊に編成した。次いで、その美女たちに戟《ほこ》をもたせて整列させ、王が特別に寵愛する二人の美女を各隊の隊長に任命した。

伍子胥：呉王闔閭に仕えた軍師。父と兄を出自である楚の平王に謀殺された恨みをもち、呉が楚を打ち破った柏挙の戦いののち、既に棺に埋葬された平王の墓を暴き、鞭を打つ。「死者に鞭打つ」の語源。

戟：両刃の剣に長い柄をつけた武具

孫武は、太鼓の合図とともに私が前と言ったら前方を見、左と言ったら左方を見、右と言ったら右方を見、後ろと言ったら後方を見るようにせよと五度繰り返して説明した。そして孫武が合図の太鼓で命令をしたところ、女性たちはおかしくて笑うだけで指示に従おうとはしない。

すると孫武は「約束明らかならず、申令《しんれい》熟せざるは、将の罪なり」と、命令が守られないのは部下の責任ではなく、将である自分の説明が不十分であるためであるとして、再度美女たちに説明を行い、太鼓の合図を出した。今度も女性たちはただ大笑いするだけだった。

そこで孫武は「命令がよく理解されているのに実行されないのは、指揮官である隊長の罪なり」と言い、自ら寵姫二人を斬刑にしようとした。

台上で見ていた闔閭は驚き、使者を介して「そこまでするな」と伝える。

しかし孫武は「一旦、将軍の命を受けた以上、陣中にあっては君命でも従えない場合がございます」と言ったのち、その二人を斬り殺した。

改めて隊列を整え、新たに二人の美女を隊長に任命し、命令を出した。そこではじめて女性部隊は命令に従って動いたのである。

唖然とする王だったが、孫武の才を認めて呉の将軍に迎えた。

呉王闔閭に認められた孫武は、楚国の衛星国であった鐘吾国《しょうごこく》と徐国《じょこく》を攻略する。闔閭はこれに乗じて一気に楚国への侵攻を謀るが、孫武は「楚はいまだ国力は強大である」として攻撃を思いとどまらせ、楚の国力を徐々に消耗させる戦術を続けた。

前五〇六年、楚に脅かされる唐と蔡《さい》が呉に救援を求める。機は熟したと孫武は進言、闔閭は孫武と伍子胥《ごししょ》を左右の将として進軍させ、呉軍と楚軍は柏挙《はくきょ》（現在の湖北省安陸市あたり）で会戦する（虚実篇1参照）。

三万の呉軍は二〇万の楚軍を撃破、楚の王都・郢城《えいじょう》を陥落させる（＊）。強国・楚の大軍よりも少ない兵力で破ったこの戦いにより孫武の名は中原（黄河流域の広い地域）に轟く。以後、孫武の活躍により、呉は北方の斉《せい》、晋《しん》を威圧する。

前四九六年、闔閭は孫武が止めるにもかかわらず越を攻め、大苦戦の中で負傷し、それがもとで死亡する。

前四九四年、孫武四〇歳の頃、呉の太子夫差《ふさ》を補佐して、会稽《かいけい》（現在の浙江省紹興市）で越を大敗させ、夫差は父である呉王闔閭の雪辱を果たす（行軍篇7参照）。

孫武はその後、将軍職を辞し、隠遁生活に入る。自ら役目を引いたその理由は、新王との不和から自害を勧められた、自分の役割を十分尽くした、戦争の虚

＊孫武と伍子胥率いる呉軍の三万は精鋭揃いであり、二人の軍師の戦術も足並みを揃えていた。一方の楚軍は二〇万を率いる二人の将軍が戦功を独り占めしようとの思惑から戦術を誤る。その結果、孫武ら呉軍は速戦即決を得ることになった。
夫差：呉の最後の王。生年不詳、没年前四七三年。父闔閭を越王勾践に討たれ、その恨みを忘れぬよう、薪の上で寝たとされる。「臥薪嘗胆」の語源。

しさから諦観をおぼえた、などがあるがいずれもその真偽は不明である。没年は記録に残っておらず、以後の呉の歴史書にその名を探すことはできない。
なお、活躍したおよそ百年後に斉国に出自した兵法家孫臏《そんぴん》はその子孫だと伝えられている（勢篇2参照）。

2 日本への伝来

●武田騎馬軍団の「風林火山」

「呉越同舟」「正々堂々」などの四字熟語のほか、「彼を知り己を知れば百戦して殆《あや》うからず」「兵とは詭道なり」など、『孫子』にはいまに伝わる言葉が多い。

夫《そ》れ呉人と越人との相い悪《にく》むや、其の舟を同じくして済《わた》りて風に遇うに当たりては、其の相い救うや左右の手の如し。（九地篇）

（呉人と越人は互いに憎み合う仲であるが、それでも一つの舟に乗り合わ

孫臏：前四世紀の兵法家・軍人。孫武の子孫とされる。若い頃、兵法を共に学んだ龐涓が魏に仕官したが、龐涓は孫臏の才を恐れ、魏に誘い出し罪を着せ、両足切断の刑を負わせる。手助けするものの計らいにより、魏を脱出し、後に馬陵の戦い（前三四一年）で龐涓を討ち、恨みを果たす。

せ、途中で暴風により危難となれば、彼らは左右の手のように助け合うものである。）

正正の旗を邀《むか》うること無く、堂堂の陣《じん》を撃つこと勿《な》し。（軍争篇）

（旗や幟《のぼり》を整然と掲げている敵には、待ち受けて戦いを仕掛けたりせず、堂々たる陣立ての敵には攻撃を仕掛けない。）

故に曰く、彼れを知りて己れを知れば、百戦して殆《あや》うからず。彼れを知らずして己れを知れば、一勝一負す。彼れを知らず己れを知らざれば、戦う毎に必ず殆うし。（謀攻篇）

（よって、敵を知り味方のこともよく知れば、百たび戦っても危険はない。敵のことはよく知らないが味方のことはよく知っているのなら、勝敗は五分五分である。敵を知らずに味方のことも知らなければ、戦うたびに危険極まりない。）

兵とは詭道《きどう》なり。故に、能《のう》なるもこれに不能を示し、用《よう》なるもこれに不用

詭道：計略により裏をかくこと。謀略。

を示し、近くともこれに遠きを示し、遠くともこれに近きを示し、利にしてこれを誘い、乱にしてこれを取り、実にしてこれに備え、強にしてこれを避け、怒にしてこれを撓《みだ》し、卑《ひ》にしてこれを驕《おご》らせ、佚《いつ》にしてこれを労し、親にしてこれを離す。其の無備《むび》を攻め、其の不意に出ず。此れ兵家の勢、先きには伝うべからざるなり。（計篇）

（戦争に勝つ秘訣は、敵の裏をかくことにある。そこで、軍事力が敵よりも勝っていても弱いように見せかけ、軍隊を動かしても動きがないように見せかけ、敵の近くに構えていてもまだ遠くにいるように見せかけ、敵の遠くにいても近くに迫ってきているように見せかける。そして、敵に自軍が有利と思わせておびき寄せ、敵陣を混乱させてその騒ぎの中で物資を奪い取る。敵が堅固であれば防備を固め、敵が強ければ戦闘を避け、敵が憤怒していればさらに感情をかき乱し、敵が謙虚であれば尊大にさせ、敵がくつろいでいれば休ませないようにさせ、敵の兵が団結しているときは仲違いさせる。こうして敵の態勢を崩して手薄なところを探し、意表を突いて攻撃する。これが兵法家のいう戦術である。この方法は、敵情の変化に応じて自在に変えていくべきものである。あらかじめ固定したものではない。）

なかでも戦国時代の武将武田信玄が用いた「風林火山」はテレビや映画でもよく紹介されるので、日本人には馴染みが深いのではないだろうか。正しくは「疾如風徐如林侵掠如火不動如山」の一四文字が武田の軍旗に記されたとされるが、『孫子』では「故其疾如風、其徐如林、侵掠如火、難知如陰、不動如山、動如雷霆（故に其の疾《はや》きこと風の如《ごと》く、其の徐《しず》かなること林の如く、侵掠《しんりゃく》すること火の如く、知りがたきこと陰の如く、動かざること山の如く、動くこと雷霆《らいてい》の如し）」と記されている。

故に兵は詐《さ》を以《もっ》て立ち、利を以て動き、分合を以て変を為す者なり。故に其の疾《はや》きことは風の如く、其の徐《しず》かなることは林の如く、侵掠《しんりゃく》することは火の如く、知り難きことは陰の如く、動かざることは山の如く、動くこと雷の震《ふる》うが如くにして、郷《きょう》を掠《かす》むるには衆を分かち、地を廓《ひろ》むるには利を分かち、権を懸けて而《しか》して動く。迂直の計を先知する者は勝つ。此れ軍争の法なり。（軍争篇）

（戦争の基本は敵の裏をかくことである。有利と見ればすぐに動き、兵力を臨機応変に分散・統合させる。

武田信玄：室町時代後期（戦国時代）の甲斐の守護大名。一五二一～一五七三年。上杉謙信との「川中島の戦い」がよく知られる。

軍争：敵の機先を制すること。

したがって、軍隊は、疾風のように迅速に進撃するかと思えば、林のように静まりかえってじっと待機する。火が燃え広がるように襲撃するかと思えば、暗闇に姿をくらましどこにいるかわからない。泰山のようにどっしりと動かないかと思えば、雷鳴のように激しく動く。また、敵の村落を襲撃し兵糧を奪うときには兵を手分けし、敵地を奪って領土を拡張するときには獲得した領地を分け与え守らせ、状況を見極めて行動する。迂直の計を敵よりも先に知る者が勝つ。これが軍争である。）

信玄が生きたのは一六世紀半ばだから、群雄割拠の戦国時代真只中の当時の日本において、既に『孫子』は武将の間ではよく知られた兵法書だったようである。

●遣唐使吉備真備

それでは日本にはじめて伝わったのはいつのことだろうか。これにはいくつかの説がある。なかでも最も有力なのが、奈良時代のこと。このとき遣唐使として中国に渡った学者の吉備真備《きびのまきび》（六九五〜七七五年）が日本に持ち帰ったという説だ。中国でさまざまな学問を学んだ真備は現在の岡山県倉敷市真備町の豪族の家に生まれる。二三歳のときに後に玄宗皇帝に仕えた阿倍仲麻呂らとともに入唐し、天文学や兵学などを修めて四一歳で帰国する（阿倍仲麻呂は帰国が適わず唐で生涯を終える）。このとき、さまざまな儒教の経典や歴史書などを持ち帰り、その中の一つが『孫子』といわれる。

吉備真備は『孫子』を日本にもたらしただけではなく、実戦に使ったとされている。それが『続日本紀』に記されており、八世紀半ばに起きた藤原仲麻呂の乱において、政権を軍事力で奪取しようと謀った仲麻呂討伐に用いたとされるが、いまに伝わるような教科書として使ったというよりも、その中の一部を適用したという程度のようだ。

そして、日本に入った当初は貴族が教養を身につけるために読んだとされるが、時代がくだり鎌倉時代になると武士勢力が拡大するにつれ、兵法書としての役割が注目される。武家勢力が生まれた当初はいまだ本来の兵法書としての活用は広まらなかったのだが、組織的な争いが各地で頻出することで多くの武将が『孫子』を軍略の手引きとして重視し始めた。

こうした流れの中、一六世紀の戦国時代、甲斐（現在の山梨県方面）周辺諸国に

玄宗皇帝：唐の第九代皇帝。善政による名君とされたが、楊貴妃への寵愛により国政を誤る。

阿倍仲麻呂：奈良時代の遣唐使。六九八～七七一年。

続日本紀：平安時代に編纂された史書。

藤原仲麻呂の乱：天平宝字八（七六四）年、藤原仲麻呂（藤原恵美押勝）が軍事力をもってクーデターを起こすが失敗する。恵美押勝の乱ともいう。女帝の孝謙天皇の寵愛を受ける僧道鏡の引き立てに諫言したことで孝謙の怒りを買った仲麻呂を吉備真備が征討の命を受ける。

「武田騎馬軍団」と恐れられた信玄が『孫子』の言葉を軍旗に使った。なお、「風林火山」と短縮した呼称は現代になってからのことであり、当時はそうした言い方はされていなかったようである。また、軍旗に最初に採用したのは実は信玄ではなく、一四世紀南北朝時代の武将北畠顕家《きたばたけあきいえ》だとする説がある。

日本の戦国時代も群雄が割拠していたため、自軍を疲弊させず、周囲からの脅威に備える戦法を採る必要に迫られた。

ただ、家康が江戸幕府を開いてからは太平の世が続き、『孫子』は実戦の書ではなく、兵法の研究書として扱われるようになった。とくに幕末には、佐藤一斎などの儒家のほか、吉田松陰なども解説書を書き残している。

その後、明治時代の日露戦争は日本の勝利となるが、その山場となる日本海海戦において、東郷平八郎海軍大将がロシア帝国バルチック艦隊を孫子の兵法からヒントを得て撃退させたことはよく知られるところである。

東郷平八郎と孫子：明治三八（一九〇五）年の日本海海戦において、連合艦隊司令長官東郷平八郎は『孫子』虚実篇の「敵より先に戦地に着き、敵が来るのを待ち受けるのであれば楽な戦いができる。しかし、敵より遅れて戦地に着き、待ち受ける敵と戦えば、苦戦となる」を実践したとされる。

3

現代に生きる『孫子』

●経営書としての『孫子』

『孫子』は、戦いに勝つとは何かをまず問うことから始まっている。春秋時代の中国諸国は周辺国からの侵攻に常に脅かされている。よって、戦うことは避けられない。ならば攻められる前に相手を打ち負かす。これは必然だ。

しかし、孫武はその前に「なぜ戦うのか」を自らに問いかけた。ただ敵を倒すのであれば、戦術を説くだけでいい。それを、武力衝突の回避が最上の策との〝戦争哲学〟を打ち出す。この背景には、長期的に国と人民を繁栄させることが君主や将軍の役目であると考えた国家観があったのだろう。

国家の長期的利益、人民の長期的な営みには、国力を損なわずに周辺諸国と対峙していくことしかないとの結論、それが「戦わずして勝つ」だった。

では、「戦わずして勝つ」には何をすればよいのか。ここから孫子の「敵が攻め込む意欲をそぐほどの国力を備えること」「敵の情勢を早く察知し、謀略をもって敵の戦意を失わせること」などの戦争哲学が生まれた。

孫子曰く、凡《およ》そ用兵の法は、国を全うするを上《じょう》と為し、国を破るはこれに次ぐ。（謀攻篇）

（孫子は言う。およそ戦争の原則は、敵国を無傷のまま降伏させるのが上策で、敵国を打ち破り屈服させるのは次善の策である。）

故に上兵は謀《ぼう》を伐《う》つ。（謀攻篇）

（そこで、敵の計略を未然に打ち破ることが最善の策である。）

そして、この哲学に基づき、リーダーシップ、組織のあり方、戦略・戦術のあり方が生み出されていった。まず、戦いにおいて何よりも大事なのは、兵卒の資質であるとし、賞罰や規律によって人財育成を図ったのである。

卒未だ親附《しんぷ》せざるに而《しか》もこれを罰すれば、則ち服せず。服せざれば則ち用い難きなり。卒已に親附せるに而も罰行なわれざれば、則ち用うべからざる

親附：親しみ懐くこと。

なり。故にこれに合するに文を以てし、これを斉《ととの》うるに武を以てす、是れを必取《ひっしゅ》と謂う。（行軍篇）

（兵が将軍に心を許す前に懲罰を行えば、兵の心は離れていく。心が離れては命令に従わない。また将軍が既に信頼を得ているのに、兵が間違いを起こしても正さなければ、兵を思うように動かせない。したがって、兵士の心をつかむには穏やかさが大事であり、統率するには荒々しさが大事である。必勝の軍の基本原則である。）

戦争で人財を大切にする思想は、孫武自身の出自を省みてのこともあったのだろう。平民として生まれた孫武だが、当時の慣例では平民が軍師に取り立てられることはない。しかし、早くから兵学を学び、兵法家としての実力を備えた結果、将軍にまで出世した。克己督励して実力を身につければ、どんな身分であろうが国の役に立つことを身を以て実証したのである。

そして人の才能を活かすも殺すも君主や将軍の力量によると喝破したことで、国力を強くするには、名君名相による組織運営が大事だと結論づけた。そこから、現代にも通用する普遍的な組織論を確立したのである。

必取：必ず勝利すること。

第2部

現代語訳『孫子の兵法』

Sun Tzu
The Art of War

第1章

計 篇

戦う前に心得ておくべきことを確認する篇

カギになる言葉

- 兵とは国の大事なり
- 兵とは詭道なり
- 将とは智・信・仁・勇・厳なり
- 主、いずれか有道なる
- 算多きは勝ち、算少なきは勝たず

1 戦いにおいて大切なこと

訳

孫子は言う。戦争は、国家の命運を決める重大事である。民の生死、国家の存亡を決めることであるから、よくよくその方法を考える。

孫子曰く、兵とは国の大事なり。死生の地、存亡の道、察せざるべからざるなり。

【解説】

『孫子』に一貫している思想は「いかに戦争を避けるか」である。しかし、開戦が避けられないときには「いかに損害を小さく止め、早期に終結させるか」に意識を向けなければならない。そのとき大事なことは「局地的な戦闘を回避すること」ことだ。これをビジネスで考えてみよう。

相手企業の市場に参入し、その企業を「規模縮小」「市場撤退」「倒産」「敵対的M&A」などに追い込む行為は、戦争でいえば「領土縮小」「母国への撤退」

「国家滅亡」「属国化」にあたる。

この例のように、孫子の兵法は戦略を考えるうえでの原理原則から編み出されたものであるため、経営戦略の最高の教科書として今日も活用されているのだ。

「孫子の兵法」を考えたとされる孫武の活躍した春秋時代（前七七〇〜前四〇三年）、孫武が生まれた斉《せい》国の南西にある魯国には、孫武の一六歳年上で儒教の始祖となる孔子がいた。孔子は、孫武同様に大義無き戦争をしてはならないと説いた。当時、卿《けい》・大夫《たいふ》という役職者は戦場で指揮を執る役目を負っていたが、孔子はその大夫だった。つまり、戦に関する知識を有していたことになる。そのうえでの戦争回避の考え方である。

企業経営でも自社にその気がなくとも、こちらの予測のつかないところで市場を奪いに来る。そうした事態に直面したら、まずは競合のニーズを把握することである。続いて、どんな攻め方（戦略）で出てくるかを予測する。

また、自社が競合に攻め入る隙を与えてしまう場合がある。中国正史の一つ『史記』でも述べられているように、国は富国状態にあれば戦争を招かない。しかし、飢餓や政情不安になると、自国の国力を顧みずに他国に略奪に走るか政府

卿：古代中国の最上位の官位。
大夫：領地をもった貴族の身分で、大夫の上が卿、下の位が士。

史記：歴史家司馬遷による中国正史の一つであり、中国前漢の武帝の時代に著された。

不信を要因として内乱が勃発する。

訳

戦争は国家の大事だからこそ、「五事」を深く究め、「七計」で敵と味方を比べ、自国の実力をよく知る。

五事とは、一に道、二に天、三に地、四に将、五に法である。

道とは、民の心や思いを君主と一つにさせる内政のあり方。平素これができていれば、民を君主の言葉に従わせることができ、戦時においても、民は君主と生死を共にする覚悟をし、君主に対して疑わない。

天とは、天候や寒暖、季節の変化など自然の法則。

地とは、戦地までの距離、地形の緩急、広さや高低、地勢の有利不利といった戦地の状況。

将とは、臨機応変の才智、兵や民衆からの信頼、兵や民主を思いやる心、困難をものともしない勇気、軍隊を統制する厳格さなど、将の資質。

法とは、軍隊の編成、帯同する官吏の職制、指揮命令系統などの軍法。

将軍であれば、道、天、地、将、法が重要だと知っている。それを深く知れば戦争に勝てるが、知らなければ敗れる。

故にこれを経《はか》るに五事《ごじ》を以てし、これを校《くら》ぶるに計《けい》を以てして、其の情を索《もと》む。一に曰く道《みち》、二に曰く天《てん》、三に曰く地《ち》、四に曰く将《しょう》、五に曰く法《ほう》なり。道とは民をして上《かみ》と意を同じくせしむる者なり。故にこれと死すべくこれと生くべくして、危《うたが》わざるなり。天とは陰陽・寒暑・時制なり。地とは遠近・険易・広狭・死生なり。将とは智・信・仁・勇・厳なり。法とは曲制・官道・主用なり。凡そ此の五者は、将は聞かざること莫《な》きも、これを知る者は勝ち、知らざる者は勝たず。

【解説】

戦いに勝つための要諦である「五事」とあわせ、戦力の優劣を計る「七計」を比較分析して、自社とライバルの情勢を判断する。

①**道**：「五事」の筆頭が「道」であることに留意したい。ここでいう「道」とは、君主（リーダー）と国民（メンバー）の信頼関係、及びそれを基盤とした団結力である。信頼関係による堅固な団結力がなければ、たとえ残りの「四事」に勝算があろうとも継続的な成果は見込めない。

そしてこの団結力を生むのが、組織としての明確なビジョン、志である。

時制：四季の移り変わり
死生：高低のこと。
曲制：軍編成や軍規などの制度。
官道：戦争に帯同する官僚の職制などの規則。
主用：上層部の指揮命令傾倒などに関する軍法。

「何のためにわれわれは存在するのか」
「われわれは何をなすべきなのか」

こうした組織のビジョン、組織が向かうべき「道」について、孫武は戦いの意義の第一義に置いておきたかったのだろう。

戦争と聞くと、軍備や装備に目が向きやすいが、あくまでもそれらは補助である。それらを充分に機能させるのは、高い士気をもった兵士と有能な将軍との信頼関係である。ビジネスでも、いかに卓越した技術力があろうとも、組織への忠誠心が低く、メンバーの離職が頻出しているような組織では、その技術力は蓄積されることはない。

②**天**：戦争において、天候や季節を考慮することは当然のことだろう。ただ、ここでは雨や雪、灼熱など物理的な面での考慮というほかに、戦いをする機運が頂点にあるかという意も含まれている。新規に事を興そうとの機が熟しているかどうかを見極めることが大事ということだ。

③**地**：地政学上の地の利を考えるのも戦争の勝利の要諦である。戦いやすい、もしくは防御しやすい地の利のほかに、兵站つまり兵糧の補給ルートとしてのロジスティクスも確保することも考慮しなければならない。

輸送の巧拙が経営を左右する現代のビジネスにおいて、物流は経営戦略の重要要件だ。まさに「地の利」が経営を左右するのである。

④**将**：どんな組織でも、「将」つまりリーダーの能力が戦いに勝つ要諦であるのは誰もがうなずくことであろう。ただ、リーダーが発揮すべきリーダーシップは時代や環境の変化に合わせて、柔軟に変えていかなければならないことを知っておくべきだ。

苦戦から起死回生が強いられる場面では強引に組織を引っ張り、叱咤激励しながらメンバーの意識をまとめるリーダーシップが効果を上げる。戦後高度経済成長期の日本がまさにそうしたリーダーシップが発揮された時代だった。

しかし、経済が成熟化すると、多様化やグローバル化の時代が始まり、力任せのリーダーシップだけでは立ち行かなくなり、メンバーを下から支えて鼓舞するリーダーシップも重要となった。

⑤**法**：「法」は、企業においては、組織編成、命令の発動・変更を瞬時に伝達できる合図を制度化、業務・役割分担の明確化、組織全体を合理的に運用するための規則・ルールの整備などである。

軍隊も企業も、「法」を優先しがちであるが、「道（道義）」に基づく信頼関係なくして法律や規則を厳格に適用すれば、違反者が続出し、また処分をするという繰り返しを余儀なくされる堂々巡りの状態となる。

訳

「五事」を究める将軍は、「七計」により敵と味方を比べ、自国の実力を正しく知ることに努める。

①民衆からの信頼が厚い君主はどちらか
②リーダーシップに勝る将軍はどちらか
③天候や地形はどちらが有利か
④軍法を（軍律）をよく遵守しているのはどちらか
⑤戦闘能力に勝る軍隊はどちらか
⑥よく訓練された兵が揃うのはどちらか
⑦信賞必罰がよく履行されるのはどちらか

私は、こうした実情を戦いの前に知ることで勝敗を予見する。

曰く、主、孰《いず》れか有道なる、将、孰れか有能なる、天地、孰れか得たる、法令、孰れか行なわる、兵衆《へいしゅう》、孰れか強き、士卒《しそつ》、孰れか練《なら》いた

有道：道義があること。

る、賞罰、孰れか明らかなると。吾れ此れを以て勝負を知る。

【解説】

「七計」の順番に着目してみると、孫武は①君主の治世観と②将軍の能力といった、リーダーの状態を上位に置いている。

ビジネスに言い換えれば、組織を活かし、組織の能力を強化するのは、トップのビジョン（志）とそのビジョンに共鳴した幹部社員がメンバーをよく活かし、よく指導していくことだということだ。企業経営はリーダー次第なのだ。

2 将としての信用

訳

主君が私のこの考えに同意して実行すれば必ず戦いに勝つ。これを実行するなら、軍師として長く留まる。私の考えを聴いても実行せぬなら必ず戦いに敗れ、私は軍師の座を降りる。

五事七計には利があるとして実行すれば、士気が上がり、戦いを有利に

進められる。士気が上がれば、自軍に有利な状況が生まれ、臨機応変な判断を下すことができる。

将、吾が計を聴くときは、これを用うれば必ず勝つ、これを留めん。将、吾が計を聴かざるときは、これを用うれば必ず敗る、これを去らん。計、利として以て聴かるれば、乃《すなわ》ちこれが勢を為して、以て其の外《そと》を佐《たす》く。勢とは利に因《よ》りて権《けん》を制するなり。

【解説】

リーダーその人と、そのリーダーの示すビジョンや方針にメンバーが信頼を置いてさえいれば、不測の事態が起きたとしても、共有された方針に沿ってどう対処すればいいかをここで述べている。

3

権謀術数

訳

戦争に勝つ秘訣は、敵の裏をかくことにある。そこで、軍事力が敵よりも勝っていても弱いように見せかけ、軍隊を動かしても動きがないように見せかけ、敵の近くに構えていてもまだ遠くにいるように見せかけ、敵の遠くにいても近くに迫ってきているように見せかける。

そして、敵に自軍が有利と思わせておびき寄せ、敵陣を混乱させてその騒ぎの中で物資を奪い取る。敵が堅固であれば防備を固め、敵が強ければ戦闘を避け、敵が憤怒していればさらに感情をかき乱し、敵が謙虚であれば尊大にさせ、敵がくつろいでいれば休ませないようにさせ、敵の兵が団結しているときは仲違いさせる。

こうして敵の態勢を崩して手薄なところを探し、意表を突いて攻撃する。これが兵法家のいう戦術である。この方法は、敵情の変化に応じて自在に変えていくべきものである。あらかじめ固定したものではない。

兵とは詭道《きどう》なり。故に、能《のう》なるもこれに不能を示し、用《よう》なるもこれに不用を示し、近くともこれに遠きを示し、遠くともこれに近きを示し、利にしてこれを誘い、乱にしてこれを取り、実にしてこれに備え、強にしてこれを避け、怒にしてこれを撓《みだ》し、卑《ひ》にしてこれを驕《おご》らせ、佚《いっ》にしてこれを労し、親にしてこれを離す。其の無備《むび》を攻め、其の不意に出ず。此れ兵家の勢、先きには伝うべからざるなり。

【解説】

有名な一句「兵とは詭道なり」の「詭道」とは、こじつけやたくらみの方法という意である。

ビジネスの上で相手を騙すことは法度である。ただ、相手を油断させ、相手が知らない思いがけない策で意表を突くのは、戦略として悪いことではない。かえって、駆け引き上手な知略として認められる。

兵：戦争。戦い。
詭：あざむく。だます。
佚：心穏やかに休むさま。

4
冷静な思慮

訳

戦う前に廟算の段階で勝つとは、五事七計で策略を練った結果、勝利の見通しがついたということである。その反対に、戦う前に廟算で勝てないとは、五事七計による結果、勝利の見通しがつかないということである。

勝算が多ければ勝つが、勝算が少なければ勝てない。ましてや、勝算がまったくなければ、勝つ見込みはない。私はこうしたやり方で、戦う前に勝敗がわかるのだ。

夫《そ》れ未だ戦わずして廟算《びょうさん》して勝つ者は、算を得ること多ければなり。未だ戦わずして廟算して勝たざる者は、算を得ること少なければなり。算多きは勝ち、算少なきは勝たず。而《しか》るを況《いわん》や算なきに於いてをや。吾此れを以てこれを観《み》るに、勝負見《あら》わる。

廟算：祖先を祀る廟の中で軍事作戦などを立てること。

【解説】

ビジネスの世界でも相手の戦力や戦術をよく調べ、その巧拙を分析し、戦い方を変える。

それを孫武は「廟算せよ」、つまり先祖の霊を祭る廟堂で行えと言っている。この背景は、戦いを前にして人は昂揚しがちだが、それを抑えるために、心静かになれる場所で己と対峙し、熟考すべきとしているのだ。いかに興奮していたとしても、先祖の前に立つと人は心穏やかになれるものだ。落ち着いた場所で冷静さを取り戻し、収集した情報をできるだけ客観的に分析する。そこから勝利の道筋を導くのが戦争の基本だということだ。

第1章　計篇　[セルフ・チェック]

◇重要なことを始める前に、心を落ち着けて考える場はどこか。

第2章

作戦篇

軍を組織した後に、その遠征費用や国家経済などのあり方を説く篇

カギになる言葉

- 兵は拙速なるを聞くも、未だ巧久《こうきゅう》なるを睹《み》ざるなり
- 智将は敵に食《は》む
- 敵を殺す者は怒、敵の貨を取る者は利なり
- 兵を知るの将は、生民の司命、国家安危の主なり

1 戦争の原則

訳

孫子は言う。軽戦車千台、重戦車千台、武装兵十万もの大軍を動員し、千里先へ兵糧を運ぶとなれば、遠征先や国内での諸経費、遠征先各地の諸侯の接待、軍需物資の調達や戦車や兵器の補充などで、一日に千金もの莫大な費用がかかるというのが戦争の原則である。だからこそ、十万の兵が動かせるのである。

孫子曰く、凡そ用兵の法は、馳車千駟《ちしゃせんし》、革車千乗《かくしゃせんじょう》、帯甲《たいこう》十万、千里に糧《りょう》を饋《おく》るときは、則ち内外の費《ひ》、賓客《ひんかく》の用、膠漆《こうしつ》の材、車甲《しゃこう》の奉《ほう》、日に千金を費《ついや》して、然る後に十万の師挙《すいあ》がる。

【解説】

本節の「馳車千駟」「革車千乗」は軍備の規模を表している。春秋時代の戦闘の主役は戦国時代と異なり歩兵ではなく戦車であったため、戦車の台数で規模を

膠漆：武具補修などに使うにかわやうるし。

春秋時代：紀元前七七〇年に周が洛邑に遷都してから紀元前四〇三年に晋

表現している。

さて、開戦の目的にはどういうものがあるのだろうか。兵法書『呉子』では五つを挙げている。

◇**一に曰く義兵、二に曰く強兵、三に曰く剛兵、四に曰く暴兵、五に曰く逆兵。**（『呉子』圖国《ずこう》）

――開戦の名目には、義兵、強兵、剛兵、暴兵、逆兵の五つがある。他国の暴戻を禁じ、他国の動乱を救う、これを義兵という。自国の優勢を頼りに外征する、これを強兵という。怒りに発して軍行動を起こす、これを剛兵という。礼儀を棄て、ただ利を求めて戦いをしかける、これを暴兵という。国は乱れ、民力は伴わないのに、これを動員して対外軍事行動に出る、これを逆兵という。

二つめの強兵は、慢心であり滅亡の危険が高い。

◇**兵、驕る者は滅ぶ。**（『十八史略』西漢　宣帝）

が韓・魏・趙の三国に分裂する前の時代。

戦国時代：三国時代になり、紀元前二二一年に秦が中国を統一するまでの時代。

千乗の国：子曰く、千乗の国を導むるには、事を敬《つつし》んで信《まこと》あり、用を節して人を愛し、民を使うに時を以てす（孔子先生が言った。戦車千台を有する大国の統治には次の三つの法がある。政事は慎んで行い、信用を損なわないこと。国費を無駄にせず、人民のために尽くすこと。人民を徴するときは、農作業の繁忙期は避けること）。

十八史略《じゅうはっしりゃく》：南宋の学者曾先之が編纂した中国の歴史書。名君・聖人である三皇五帝から南宋（一二世紀～一三世紀）までの十八の史実が著されている。

――自国の強大さに驕慢し示威の戦いを起こすものは必ず滅びる。

訳

戦争が長引けば、兵が疲れて士気も落ちる。その状態で敵城を攻撃すれば、戦力は尽きる。また、長期間におよぶ軍の露営は、国の財政に負担がかかり、危機につながる。長期戦で兵が疲れて士気が落ち、やがて戦力も失われて国の資金も使い果たせば、周辺諸国が攻め込んでくる。こうなっては、たとえ知将がいても、もはや万策尽きたといえる。

戦争は、戦い方が悪くても早く決着をつけるのがよく、戦い方が上手でも長引くのはよくない。長期戦で利を得た国のことをこれまで聞いたためしがない。だから、長期戦の損失を熟知しなければ、戦争による利得を知ることはできない。

其の戦いを用うるや久しければ、則ち兵を鈍《つか》らせ鋭《えい》を挫《くじ》く。城を攻むれば則ち力屈《つ》き、久しく師を暴《さら》さば則ち国用《こくよう》足らず。夫《そ》れ兵を鈍《つか》らせ鋭を挫《くじ》き、力を屈《つ》くし貨を殫《つ》くすときは、則ち諸侯其の弊《へい》に乗じて起こる。智者ありと雖《いえど》も、其の後を善くすること能《あた》わず。故に兵は拙速

師：大規模の軍隊。春秋時代では二千五百人の軍隊。

国用：国の財政。

なるを聞くも、未だ巧久《こうきゅう》なるを睹《み》ざるなり。夫《そ》れ兵久しくして国の利する者は、未だこれ有らざるなり。故に尽《ことごと》く用兵の害を知らざる者は、則ち尽く用兵の利をも知ること能わざるなり。

【解説】

長期戦は、兵士の肉体的疲労だけでなく精神的にも確実に疲弊していくため避けなければならない。いかに自軍が大勢であったとしても士気の低下は避けられず、それは大幅な戦力ダウンにつながる。

◇兵は神速《しんそく》を貴ぶ。（『三国志』魏志 郭嘉《かくか》）

——戦闘は迅速を第一とする（軍を動かすときは素早いことが重要である）。

その士気の低下の虚をついたのが日本の戦国武将、北条氏康による河越城包囲網撃破（一五四五年）である。敵対する上杉家などの連合軍八万により北条綱成《つなしげ》が籠城する河越城（現在の埼玉県川越市）が包囲される。北条側は討って出たいが連合軍の圧倒的な兵力の前には、氏康は守備を固めさせ籠城を指示するしかない。このまま戦線は膠着、両軍は対峙したまま数か月が経過した。

巧久：完璧を目指して長期戦になること。

北条氏康：戦国時代の相模国の大名。
北条綱成：北条氏康の父氏綱を頼り、北条氏の姓を賜る。

小田原城で戦況をうかがっていた氏康は、包囲する連合軍の士気が長期戦の影響により下がったと見るや、自ら八千の軍勢を率いて小田原城から出撃、背後から連合軍に奇襲攻撃を行う。虚をつかれた連合軍は大混乱に陥り、戦闘らしい戦闘をすることなく撤退させられたのである。

2 戦上手の兵の用い方

訳

戦に長けた者は、民に二度も兵役を課さず、食糧を行軍と凱旋以外に三度も本国から追加補給することはない。必要物資は自国から運び、食糧は敵国でまかなう。こうすれば、食糧は充足できる。

戦争によって国が疲弊するのは、軍隊、武器、食糧を遠征先に運ばなければならないからだ。遠征軍への物資の供給は、国内の物資が減ることであり、本国の民の生活を困窮させる。

本国近くが戦場となれば、物資の需要が増えることで物価が上がる。物価が上がれば、民の蓄えは減る。

善く兵を用うる者は、役《えき》は再びは籍《せき》せず、糧《りょう》は三たびは載《さい》せず。用を国に取り、糧を敵に因る。故に軍食足るべきなり。国の師に貧なるは遠く輸《いた》せばなり。遠く輸さば則ち百姓《ひゃくせい》貧し。近師なるときは貴売《きばい》す。貴売すれば則ち百姓は財竭《つ》く。

【解説】

「役」とは徴兵であるが、斉・晋・宋・魯などの中原諸国は周王朝による封建的身分制度が確立していたため、兵士は「士」以上の身分に限定されており、農民が戦場に駆り出されることはなかった。

しかし、孫武の仕えた呉国は身分制度が整備されておらず、戦争となれば農夫などの国民を徴兵し、武装させ兵士とした。そのため、動員できる兵力数が飛躍的に高まり、それが呉国の戦力向上に寄与した。後に、この徴兵制度は各国で採用されていく。

徴兵は、戦力を向上させることはできても強制労働である。だから期間は短ければ短いほどよく、人数は少なければ少ないほどよい。一度国民を兵役に駆り出

籍：税を取り立てること。徴兵すること。
百姓：一般の人民。
近師：戦争により行軍が行われること。
貴売：物価の高騰。
士：中堅の役人層。

して決戦に勝利して戦争が終われば再度徴兵する必要もなくなる。

とはいえ、働き頭を徴兵された家では農業など家業が成り立たなくなる。そのために孔子のいた魯国においても、次のように戦争は主に農閑期に行うようにし、将来的な国力低下を招かぬ配慮をした。

◇千乗の国を道びくに、事を敬して信。用を節して人を愛し、民を使うに時を以てす。（『論語』学而第一）

――戦車千台を有するような諸侯の国を治めるには、政治を慎重に行い、国民から信頼を得るように努力し、無駄な出費を抑えて国費を節約して国民に苦労させないようにして、徴兵や公共事業の労役を国民に課すのは農閑期を利用するようにすることである。

兵站（ロジスティクス）の重要性・困難さ・非効率さを理解していなければ、敵地に侵攻していく軍の活動は破綻する。つまり、目の前で対峙する敵軍との戦闘しか頭になく、ライフラインに無頓着な将軍には、遠征軍のリーダーは務まらない。食糧の補給が二度で充分というのは、最初の糧食分で敵国に侵攻してから、後は戦地で調達した物資で進撃を続けるから撤退になるまで再補給の必要がない。加えて、凱旋した軍隊を自国に蓄積してある余裕の物資で迎えることができるのである。

なお、戦地での調達とは略奪ではなく、敵国の民衆から収穫物を買い上げることである。また買い取りも、敵国内での売買と異なり租税がかからない分、その地域にとり減税となるため、民衆からの反発も抑えられる。

訳

民の蓄えが減れば、村から軍役に出すこともままならなくなる。

戦場で戦力が尽き、国内の物資が減れば、民の生活費が七割減らされる。また、壊れた戦車の修理や消耗した軍馬のえさの補充、鎧・甲《かぶと》・弓矢・戟《げき》・楯《たて》・矛《ほこ》・櫓《おおだて》・荷車・重馬車などの準備で国費の六割が減る。よって知将は食糧を敵地で調達する。敵地で調達する食糧一鐘《しょう》は自国から運ぶ二十鐘分にあたり、戦闘用牛馬の飼料一石《せき》は自国から運ぶ二十石分に相当する。

財竭《つ》くれば則ち丘役《きゅうえき》に急にして、力は中原に屈《つ》き用は家に虚しく、百

戟：三つ又の矛
櫓：大型の盾
一鐘：約一二〇リットル
一石：約三〇キログラム
丘：古代の区画の単位で一二八家。丘役は丘ごとに課される税。丘牛は丘ごとに供出させられた軍事用の牛。

姓の費、十に其の七を去る。公家《こうか》の費、破車罷馬《はしゃひば》、甲冑矢弩《しど》、戟楯矛櫓《げきじゅんぼうろ》、丘牛大車《きゅうぎゅう》、十に其の六を去る。故に智将は務めて敵に食《は》む。敵の一鍾《しょう》を食むは吾が二十鍾に当たり、萁秆一石《きかんいっせき》は吾が二十石に当たる。

【解説】

徴兵をすれば、徴兵対象は主に農家のため、国内の農業生産は滞り、それは国力の低下を意味する。

◇師《し》の処《お》る所、荊棘《けいきょう》生ず。（『老子』三十章）

——戦争が長続きすれば、いばらが繁茂し、田畑は荒れたままになる（働ける者がみな軍隊にとられてしまうからである）。

戦争のための人、糧食、金、武具や兵器のための材料などの資源は国内から徴収・徴兵して遠方の戦場に投入する。

ここで大事なことは、徴収・徴兵された後の国内への配慮である（＊）。国民も一時的な困窮であれば忍耐できようが、数年に及べば、生活が逼迫し不満が蔓延する。戦争という非常事態にあっても、将軍という立場にあれば、自国の状況

破車罷馬：破損した戦車や傷を負った馬。
甲冑矢弩：防具や武具。
戟楯矛櫓：盾や矛などの武具。
丘牛大車：兵站輸送用の牛と荷車。
萁秆：豆がらとわら。

荊棘：いばら。

＊この術に長けていたのが、日本の戦国武将、武田信玄である。人身掌握術に優れた信玄は、占領

を常に考え、少なくとも糧食は現地調達が必然になる。
また、糧食を調達した敵国の民衆の生活への配慮も同時に行わなければならない。敵国から深い恨みを買えば、いずれそれが鬱積し、再び戦火を再燃させかねないからだ。

3 敵軍資源の再利用

訳

兵の戦意は、敵への憎しみから起こる。戦意を上げるのが褒賞である。そのため、数多くの敵の戦車を奪ったら、まずは手柄を立てた兵に褒賞を与える。奪った戦車は味方の旗に取り替え、自軍に組み入れる。捕虜は手厚く保護する。これにより戦勝による戦力増強になる。

故に敵を殺す者は怒《ど》、敵の貨を取る者は利なり。故に車戦に車十乗已《い》上《じょう》を得れば、其の先ず得たる者を賞し、而して其の旌旗《せいき》を更《あらた》め、車は

地政策にはとくに留意したとされる。民心を安心させるために、農業保護、減税などの優遇措置を速やかに行い、混乱を抑えたことはよく知られるところである。このことが一揆や反乱も抑え、足元固めがしっかりとできたことで他国への侵攻がやりやすくなったのである。

雑《まじ》えてこれに乗らしめ、卒は善くしてこれを養わしむ。是れを敵に勝ちて強《きょう》を益すと謂う。

【解説】

ここでは、味方を鼓舞して敵を打ち負かし、打ち負かされた敵を自軍になびかせるための心理術の重要さを説いている。

戦闘で敵兵を倒すには「怒」、つまり相手への怒りの感情が大きい。よって、兵士を戦闘態勢につかせるには、敵がいかに非道かを伝えるなどして「怒」の感情に火をつけることである。そして、戦う意欲を高めるには、「利」を提示することである。「利」とは褒賞・恩賞のことだ。

また、降伏した敵に対しては、あくまで抵抗する者を除き、自軍に従う者は捕虜として優遇するのが上策であるとしている。敵も味方として迎え入れることで、敵も協力的になりさらなる戦力の増強が図れるからだ。

相手を完膚なきまでに壊滅するのではなく、相手の保有する資源を自らの力に加えることで、戦力を強化するのが孫子の兵法の秀逸さといえよう。

項羽《こうう》と劉邦《りゅうほう》の例でこれを見てみよう。

彭城《ほうじょう》から秦国の都、咸陽《かんよう》までの数百キロにおよぶ遠征の末、前二〇六年一〇

項羽：前二三二～前二〇二年。楚の将軍の家系に生まれる。好戦的で暴虐さのため、人心を得ることはなく、天下を劉邦と争い（楚漢戦争）、四面楚歌の中、手勢を率いて逃げるものの逃げおおせず、自らの首を刎ねて亡くなる。

劉邦：前二五六～前一九五年。若かりし頃は侠客だったが人望があり、そのため、圧政を敷く秦を滅ぼす反秦軍の将に推挙され、武人として頭角を現す。反秦軍では項羽と共に戦うが、その後、項羽の怒りを買い、敵対するようになる。項羽を破った後、前漢の初代王となる。

月、劉邦軍は同時に遠征した項羽軍よりも早く咸陽へ一番乗りを果たす。それは、項羽軍は対峙する敵軍を殲滅して進軍するために時間を要したが、劉邦軍は可能なかぎり無用な戦闘を避けて「解放軍」として進軍したためである。出会う秦軍の多くが寝返って劉邦軍に参加したため、進軍するほどに戦力が増し、次から次に対峙する秦軍はより一層戦意を喪失し投降することになったのである。

4 戦時下のリーダー

訳

戦争は勝たねばならぬが、長期戦はよくない。この道理をよく知る将軍にこそ、民の生死、国家の安危を委ねることができる。

故に兵は勝つことを貴ぶ。久しきを貴ばず。故に兵を知るの将は、生《せい》民《みん》の司命、国家安危の主なり。

司命：人の生死を司どる星座で水瓶座のこと。

【解説】

戦争は、最低でも対等な平和交渉で終結させる。敗北は国家滅亡、存続できたとしても属国化や多額の損害賠償は免れないからだ。

長期持久戦は、日々戦費が増大する。遠方での戦闘であれば兵站の費用も莫大となり、自軍のライフラインを敵国から守るための費用も、それに伴い大きく増える。そうなると、兵士の戦意は低下し、勝利の可能性は低くなる。

開戦により当初想定していた利益を得ることが困難と判断した時点で楽観的な予想を捨て、即刻戦争終結に向けての行動を起こす。根拠のない可能性に賭けてはならない。決断が遅れれば、それだけ国力の疲弊が進む。

第2章 作戦篇 [セルフ・チェック]

◇自分や組織が疲弊せずに済む方法とは何か。

第3章

謀攻篇

自軍の損害を最小にとどめる戦いのあり方について説く篇

カギになる言葉

- 凡そ用兵の法は、国を全うするを上と為し、国を破るはこれに次ぐ
- 百戦百勝は、善の善なる者に非ざるなり
- 戦わずして人の兵を屈するは、善の善なる者なり
- 善く兵を用うる者は、人の兵を屈するも而《しか》も戦うに非ざるなり
- 彼れを知りて己れを知れば、百戦して危うからず

1 戦争の上策

訳

孫子は言う。およそ戦争の原則は、敵国を無傷のまま降伏させるのが上策で、敵国を打ち破り屈服させるのは次善の策である。

兵力一万を超える大軍を無傷のまま降伏させるのが上策で、それを打ち破り屈服させるのは次善の策である。五百人超の軍を無傷のまま降服させるのが上策で、打ち破り屈服させるのは次善の策である。五百人以下の大隊を無傷のまま降服させるのが上策で、それを打ち破り屈服させるのは次善の策である。中小隊を無傷のまま降服させるのが上策で、それを打ち破り屈服させるのは次善の策である。

したがって、百たび戦い百たび勝ったとしても、それは最善の勝ち方とは言えぬ。戦わずして敵兵を屈服させることこそ、最善の勝利である。

孫子曰く、凡そ用兵の法は、国を全うするを上《じょう》と為し、国を破るはこれに次ぐ。軍を全うするを上と為し、軍を破るはこれに次ぐ。旅《りょ》を全うするを上と為し、旅を破るはこれに次ぐ。卒《そつ》を全うするを上と為し、卒を破るはこれに次ぐ。伍《ご》を全うするを上と為し、伍を破るはこれに次ぐ。是の故に百戦百勝は、善の善なる者に非ざるなり。戦わずして人の兵を屈《くつ》するは、善の善なる者なり。

【解説】

戦争は利益の獲得が目的であり、敵軍の資源をより多く確保することが重要である。敵軍の資源、例えば城や町などをすべて破壊してしまっては、実質的な利益を得られない。

だから、孫武は、敵から無傷で資源を確保することを上策としたのだ。

日本においてこの上策がとられたのが、戊辰戦争における江戸開城（一八六八年）である。明治新政府軍（東征大総督府）と旧幕府（徳川宗家）との間で行われた交渉の結果によるもので、これにより江戸の町が戦火に見舞われることを未然に防ぐことができた。新政府軍の西郷隆盛と、江戸幕府側の山岡鉄太郎（鉄舟）や勝海舟らによる交渉の末、三月一五日予定の江戸総攻撃は前日に取りやめとなり、世界にも類を見ない、戦闘無くしての政権譲渡が実現した。

軍、旅等は古代の周王朝での軍制による編成単位であり、軍は一万二千五百人、旅は五百人、卒は百人、伍は五人である。伍は軍の最小編成単位である。

戊辰戦争：慶応四（明治元、一八六八）～明治二（一八六九）年、明治政府を樹立した薩摩藩・長州藩・土佐藩らを中核とした新政府軍と、旧幕府勢力および奥羽越列藩同盟による戦争。新政府軍の勝利となり、これにより近代日本がはじまる。

◇寧ろ智を闘わさん。力を闘わさすこと能《あたわ》ず。（『十八史略』西漢）

――知恵では戦うが、力で戦うことはしない。

これは楚の項羽に追い詰められた漢の劉邦が、項羽から一騎打ちを挑まれたときの回答である。

2 無傷の勝利

訳

そこで、敵の計略を未然に打ち破ることが最善の策である。次善の策が敵国とその同盟国との関係を壊すことである。それに次ぐ策が戦って敵を討ち破ることである。最低の策は、敵の城を攻めることである。

城攻めは、万策尽きてやむなく行う最終手段である。城攻めには戦車など武器の準備に三か月、城壁に土塁を積むのに三か月。この間にじれた将軍が敵城に攻めようものなら、兵の三分の一が犠牲になり、城も陥落しない。城攻めには、その危険が強いのだ。

故に上兵は謀《ぼう》を伐《う》つ。其の次は交を伐つ。其の次は兵を伐つ。其の下は城を攻む。攻城の法は已むを得ざるが為めなり。櫓《ろ》、轒轀《ふんおん》を修め、器械を具《そな》うること、三月《みつき》にして後《のち》に成る。距闉《きょいん》又た三月にして後に已《お》わる。将、其の忿《いきどお》りに勝《た》えずしてこれに蟻附《ぎふ》すれば、士卒の三分の一を殺して而も城の抜けざるは、此れ攻の災いなり。

【解説】

ここでは、武力衝突しないことの重要性を説いている。春秋戦国時代の卓越した将軍や参謀は、敵国が軍事行動を起こす前にその意図を把握し、直接の戦いを避ける計略を謀ることが自然とできた。逆に言えば、敵国の情勢を察知し、敵国の王がどのような考えをもつタイプなのか心理を読み込んで自国の対応を図ることがリーダーの条件であった。孫武は、国民の目に見えない水面下で勝利に導くことこそ、真に巧みな戦略家の知略だとしているのだ。

上策は戦いが始まる前に、戦いを終結させること。次善の策が、敵国が同盟する国々との関係を壊すことだとしているが、その策がとられたのが前四五三年の「晋陽《しんよう》の戦い」である。晋国の趙氏の領土を智氏が狙った戦いだ。智氏は、韓氏と魏氏と同盟を結び、趙氏が篭城する晋陽城を攻める。堅固な防護になかなか城

櫓：大型の盾。
轒轀：城攻めに使う装甲車。
器械：城攻めに使う兵器。
拒闉：城壁を乗り越えるために築く高台。
蟻附：蟻附とは、敵軍の城壁を自軍の兵士によじ登らせて攻める戦術である。敵軍は、矢・石・高温に熱した油などを城壁の上から放ってくるので、ある程度の兵力を失うことを前提にして行われる、苦肉の戦術である。

は落ちなかったが、三年も経てば糧食も尽きる。そこで趙の軍師、張孟談《ちょうもうだん》は秘かに城を抜け出し、敵軍の韓氏と魏氏に面会、次の言葉を使って晋陽城の攻撃中止と智氏軍への攻撃の説得に成功する。

◇唇亡びて歯寒し（『春秋左氏伝』僖公五年）

——唇が無くなれば、風当たりを歯が受けることになる。

「智氏は、趙という唇（抵抗勢力）が無くなれば、次は韓・魏に狙いをつける。それを避けるには、智氏を排除し、趙・韓・魏の三氏で国を統治すれば平和になる」

この策略が奏功し、智氏は滅亡。それから五〇年後の前四〇三年、この趙・韓・魏の三家は諸侯として認められ（国に昇格）、晋国は消滅した。ここから趙・韓・魏の三国に分裂し、戦国時代として区分されるようになる。

訳

したがって、戦に長けた者は、敵兵と戦わずに屈服させ、城攻めをせずに落城させ、長期戦にもちこむことなく敵国を崩す策を謀る。こうして敵

を無傷のまま傘下に収める戦略で天下を争う。

これにより自軍も兵力を損なうことなく、完全な勝利を手にできるのである。これが謀略による攻撃の原則である。

故に善く兵を用うる者は、人の兵を屈するも而《しか》も戦うに非ざるなり。人の城を抜くも而も攻むるに非ざるなり。人の国を毀《やぶ》るも而も久しきに非ざるなり。必ず全《まった》きを以て天下に争う。故に兵頓《つか》れずして利全くすべし。此れ謀攻の法なり。

【解説】

ここでいう「謀」とは、リスクマネジメントに秀でた実現可能性の高い計画のことである。無謀の反対語だと理解するといいだろう。

そして「天下に争う」とは、敵軍が戦争準備を整える前に急襲し、首都をはじめに敵国を完全に制圧することである。準備万端の敵と戦うには通常は多大な犠牲を払うものだが、間隙を突いて急襲することで自軍の損害と疲弊は最小限に止めるのがこの当時の将軍の役目となる。

孔子も「謀」を推奨し、無計画や一時的な感情による行動を厳に戒めた。

◇子路曰く、子三軍を行《や》らば、則ち誰と與《とも》にせん。子曰く、暴虎《ぼうこ》馮河《ひょうか》、死して悔なき者は、吾れ與にせざるなり。必ずや事に臨みて懼《おそ》れ、謀《はかりごと》を好みて成さん者なり。（『論語』述而第七）

――子路が尋ねた。「先生がもし三軍の大将になられたとしたなら、誰を副官になさりますか」。孔先生が答えた。「虎と素手で格闘したり、あの急流の黄河を泳いで渡ろうとしたり、平気で死と隣り合わせの行動をして何とも思わない者とは共に戦いたくない。頼む場合には、必ず慎重に熟慮し、万全の計画を立てて成功に導く者と共にしたい」

3 規模に応じた戦闘方法

訳

そこで戦争の原則として、敵の十倍の兵力があれば敵軍を包囲し、五倍であれば攻撃をしかけ、二倍であれば敵軍を分断し、兵力が互角であれば全力で戦い、兵力が劣っていればいったん退却し、勝算がなければ戦わない。

したがって、兵力が敵より劣るのに強がれば、大敵の餌食になるだけである。

故に用兵の法は、十なれば則ちこれを囲み、五なれば則ちこれを攻め、倍すれば則ちこれを分かち、敵すれば則ち能《よ》くこれと戦い、少なければ則ち能くこれを逃れ、若《し》かざれば則ち能くこれを避く。故に小敵の堅《けん》は大敵の擒《きん》なり。

【解説】

ここでは敵軍と自軍との、将軍の智能、兵器の威力、士気などがほぼ互角である場合、兵員数の違いによる確実な戦術を列挙している。野戦での勝利の原則は、敵軍を上回る優勢な戦力で戦闘をはじめることである。だから兵器の威力や士気などが圧倒的に自軍が優勢であれば、ここまでの兵力差は要しない。

「敵すれば則ち能《よ》くこれと戦い」とは、敵軍と自軍の勢力が同等であっても、強引に奇襲やゲリラ戦などを多用すれば勝利は奪取できるという意である。

現代においてとくに大事なのは、「少なければ則ち能くこれを逃れ、若《し》かざれ

堅：強がりであること。
擒：生け捕りにされること。

ば則ち能くこれを避く」の発想である。この「逃」「避」に対して、現代人は潜在的に抵抗感をもつ。しかし、戦国時代の中国に限らず日本でも、命さえあれば「捲土重来」、いずれ勢力を盛り返し、大志を成就できると考え、君主や将軍は戦場から他国へ逃げたのである。志のため、引き際の見極めもリーダーの条件ということだろう（＊）。

「小敵の堅《けん》は大敵の擒《きん》なり」、つまり「力がないのに粋がるだけでは大勢に飲み込まれること」を避けるには、相手の勢力を認めて、素直に懼れる心がなくてはならない。自分の力量をよく認識し、冷静に、慎重に相手の本質を見ること、これがどんな戦いにおいても求められる力量である。

◇懼《おそ》るるを知ること是《かく》の如くば、斯《こ》れ亡びざらん。（『春秋左氏伝』威公七年）

――常に用心、慎重、謙虚の心でいれば、どんな者でも凋落することはない。

＊家の存続を守ることが武家頭領の大志の一つであったとき、伊達政宗はまさにそれを実践した。当時二四歳の政宗は豊臣秀吉の圧力に苛まれながらも自らの力を省みず戦いに挑んでは伊達家滅亡は必至と考え、後北条氏討伐のため二〇万の兵を率いて小田原攻めに臨む秀吉の本陣に参上する。死に装束で伊達家への赦免を願うことで秀吉の許しを得、その後の有力大名としての名を遺すことに繋がった。一五九〇年六月のことである。

4

トップの禁忌事項

訳

将軍とは国家の補佐役である。だから補佐役が君主と強く結びついていれば国家は必ず強くなるが、その関係が希薄であれば、国家も弱体化する。そこで、補佐役は君主が軍を危機に追いやる三つの事柄に注意しなければならない。

①軍隊が進むべきでないときに進軍を命じ、軍隊が退くべきでないときに退却を命じること。これでは軍隊が蹂躙される。

②軍隊の内部事情を熟知せずに、軍の統制に勝手な口出しを行うこと。これでは兵たちを混乱させる。

③軍隊を臨機応変に動かす術を知らずに、軍隊の指揮に口を出すこと。これでは兵から不信を買う。

軍隊に混乱や疑いの気が充満しているとわかれば、周辺諸国は好機と見て攻撃してくる。これを、「自ら軍を乱して勝利を逸す」という。

夫《そ》れ将は国の輔《ほ》なり。輔、周なれば則ち国必ず強く、輔、隙《げき》あれば則ち国必ず弱し。故に君の軍に患《うれ》うる所以の者には三あり。軍の進むべからざるを知らずして、これに進めと謂い、軍の退くべからざるを知らずして、これに退けと謂う。是を軍を縻《び》すと謂う。三軍の事を知らずして三軍の政を同じくすれば、則ち軍士惑う。三軍の権を知らずして三軍の任を同じうすれば、則ち軍士疑う。三軍既に惑い且つ疑うときは、則ち諸侯の難至る。是れを軍を乱して勝を引くと謂う。

【解説】

暴君ほど自信過剰であり、部下が馬鹿に見えて小さなミスを指摘しては虐げるのは古代中国によく見られる。暴政で知られる殷王朝三〇代の紂王がまさにそれにあたる。参謀に謀反の疑いがあれば、残酷な方法で処刑する。取り巻きは皆馬鹿だとして、諫言しようものなら粛正される。こうなると、誰もがだんまりを決め込むようになる。現在の日本でも、粉飾決算や事実隠蔽などにより経営危機に陥る企業の多くがこれに似た内部体制になっているのではないか。

『論語』の副読本とされる『孔子家語』にこうある。

輔：補佐。

周：あまねく行き届くこと。

隙：人間関係がうまく行ってないこと。

縻す：つなぎとめること。

紂王：殷朝最後の王。辛帝とも呼ぶ。諫言する近臣を誅殺したり、酒池肉林の語源ともなった放蕩振りなど暴君として名高い。

◇**湯武《とうぶ》は諤諤《がくがく》を以て昌《さか》える**（＊）。（『孔子家語』六本）

――殷王朝の創始者湯王と周王朝の創始者武王とは、家臣の厳しい諫言をよく受け入れたから、双方ともに興隆したのである。

信頼関係を築くもの、それは「道義」である。道義とは、人として踏むべき正しい道のことである。実にシンプルな解釈である。普通に考えて「誰に対しても悪いと思うことをしない」という価値判断である。さらに端的に言うならば、「自利ではなく、他利」である。

とくにリーダーは「道義」を心に抱き、「道義」に基づいた言動を行うことが人間力を高める第一歩である。そして、「道義」に基づき、組織の大志を成就する努力を不断に行う。そうしたリーダーに、周囲の心は自然に集まる。

◇**険と馬とを恃《たの》むは、以て固しと為すべからず。**（『春秋左氏伝』昭公四年）

――要害の地形や兵馬の数に依存したのでは、決して国家は安泰ではない（国家安寧の根本は道義にある）。

＊諤諤は正式な場での激しい議論の様子。「侃々諤々」の出典。

5

勝利の原則

訳

そこで、勝利を得るためには五つの条件がある。

①戦うべきときと戦うべきでないときをわきまえれば勝つ。

②大軍と小隊それぞれの用兵の方法を知れば勝つ。

③上下が目的を共有できていれば勝つ。

④準備に抜かりなく、敵の油断を攻めれば勝つ。

⑤将軍が有能で君主が余計な干渉をしなければ勝つ。

この五つが勝利の条件である。

よって、敵を知り味方のこともよく知れば、百たび戦っても危険はない。敵のことはよく知らないが味方のことはよく知っているのなら、勝敗は五分五分である。敵を知らずに味方のことも知らなければ、戦うたびに危険極まりない。

故に勝を知るに五あり。戦うべきと以て戦うべからざるとを知る者は勝つ。衆寡《しゅうか》の用を識《し》る者は勝つ。上下の欲を同じうする者は勝つ。虞《ぐ》を以て不虞《ふぐ》を待つ者は勝つ。将、能にして君の御せざる者は勝つ。此の五者は勝を知るの道なり。故に曰く、彼れを知りて己れを知れば、百戦して殆《あや》うからず。彼れを知らずして己れを知れば、一勝一負す。彼れを知らず己れを知らざれば、戦う毎に必ず殆うし。

【解説】

ここでの孫武の主張のうち、とくに五つめの将軍への権限委譲は当時としては画期的なものであった。

春秋時代、将軍職は、官僚制度に基づいた契約によって軍の指揮権を一時的に君主から委任された存在に過ぎず、軍の行動中は君主が使者を通じて将軍に指示を与えていた。しかしそれでは状況に応じた機敏な臨機応変の行動ができない。そのために孫武は将軍の独立した指揮権を主張したのである。

現場をよく知る現場責任者（将軍）の存在を無視し、廟（王宮）において指揮するようでは国家は衰退する。そうならないために、将軍を信用し、その権限を与えることが戦いで勝つ基本だとしているのだ。もちろんそのためには、現場の指

衆寡：多い少ないということ。ここでは大軍と小部隊。
虞：事前計画のこと。

揮がとれるリーダー（将軍）を選ぶ審美眼が君主になければならない。

人間力のある人とは、寛容な人のことだ。自分が選んだ人を信じられないようでは、君主としての資格はないと悟るべきだろう。

「彼れを知りて…」はよく知られる一節である。ここで肝要なのは、「己を知らず」であれば、決して勝てないと看破していることにある。

古来より、この世で自分自身ほどよくわからないものはないとされる。人の目は他人を含めた周りを見るためについており、それに連動した心の目も自ら意識しなければ自分を見ることはない。だからこそ、リーダーに限らず人は、心の目に張り付く自己防衛と過信というフィルターを取り除いて、自分を直視する研鑽を怠ってはならないのである。

第3章　謀攻篇　［セルフ・チェック］

◇自分や組織の勝利の方程式にはどんなことがあるか。

第4章

形 篇

負けない軍形のつくり方を考える篇

カギになる言葉

- 昔の善く戦う者は、先ず勝つべからざるを為して、以て敵の勝つべきを待つ
- 勝ちは知るべし、而して為すべからずと
- 勝ちを見ること衆人の知る所に過ぎざるは、善の善なる者に非ざるなり
- 勝兵は先ず勝ちて而る後に戦いを求め、敗兵は先ず戦いて而る後に勝を求む
- 善く兵を用うる者は、道を修めて法を保つ

1 不敗の態勢

訳

孫子は言う。昔から戦に長けた者は、まず敵に攻撃の隙を与えないように軍隊を万全に整えたうえで、敵が隙を見せる状況になるのを待った。敵に隙を与えないように軍を統制し万全の防御態勢をつくることは自軍のことだからできるが、敵が油断し、隙を見せる状況になるかどうかは敵側のことなので、いかんともしがたい。

だから、いくら戦巧者であっても、自軍の統制と防備態勢を固めることはできても、敵が敗北する状況をつくることは難しい。「勝ち方は誰でもわかるが、必ずしも勝てるとは限らない」と言われるゆえんである。

敵に攻撃されないように万全の態勢を整えるのは守備段階であり、敵が油断し隙を見せるのは攻撃段階である。よって、守備固めを強化するのは味方の戦力が劣る局面ではとくに重要であり、攻撃準備は味方の兵力が優勢である局面のときに積極的にとりかかる。

したがって、戦に長けた者は、自軍が劣勢か優勢かを判断し、劣勢の場合は地形を盾に敵に攻撃の隙を与えず、優勢の場合は天候の利を使う。だから、兵力の優劣にかかわらず、味方の軍隊を損なわずに完全勝利を収めることができるのである。

孫子曰く、昔の善く戦う者は、先ず勝つべからざるを為して、以て敵の勝つべきを待つ。勝つべからざるは己れに在るも、勝つべきは敵に在り。故に善く戦う者は、能《よ》く勝つべからざるを為すも、敵をして勝つべからしむること能《あた》わず。故に曰く、勝は知るべし、而《しか》して為すべからずと。勝つべからざる者は守なり。勝つべき者は攻なり。守は則ち足らざればなり、攻は則ち余り有ればなり。善く守る者は九地の下に蔵《かく》れ、善く攻むる者は九天の上に動く。故に能く自ら保ちて勝を全うするなり。

【解説】

孫武は、戦わずして勝つことを最善策とし、次善策としてここで主張している「不敗態勢の確立」をあげている。

九地：極めて有利な地勢。
九天：天候などの極めて有利な自然現象。

「不敗態勢」は消極的に思えるが、実は堅実極まりない積極策といえる。不敗であるのだから自国領土を略奪されることはなく、自軍の損害も最低限に止められる。「負けない仕組み」を作るということである。負けなければ、戦力も含めて自国の利益を保ち続けることができる。その仕組みから戦力が温存でき、いざというときに備えるのである。負けない仕組みの中から次の手を考えて、組織を次の段階に成長させる戦略ともいえる。

日本の武将でこれを実践したのが、武田信玄（＊）である。

◇弓矢の儀、取様の事、四十歳より内は勝つやうに、四十歳より後は負けざるように（甲陽軍鑑）

――合戦の心がまえとして、四十歳までは勝つことを意識し、四十歳を過ぎてからは負けないことを意識することである。

クラウゼヴィッツも『戦争論』で次のように述べている。

◇防御はそれ自体としては攻撃よりも強力である。

＊武勇で知られた武田信玄であるが、信玄ほど戦いに慎重な武将はいなかったと言われる。

2 当然の勝利

訳

誰もがわかるような戦い方で勝つのは、最善とは言えない。世間の人が称賛するような勝ち方は、最善とは言えない。

細い毛を一本拾いあげても誰も力持ちとは思わない。太陽や月が見えたからといって誰も目がいいとは言わない。雷鳴が聞こえたからといって誰も耳がいいとは思わない。

勝を見ること衆人の知る所に過ぎざるは、善の善なる者に非ざるなり。戦い勝ちて天下善なりと曰うは、善の善なる者に非ざるなり。故に秋《しゅう》毫《ごう》を挙ぐるは多力《たりき》と為さず。日月《じつげつ》を見るは明目《めいもく》と為さず。雷霆《らいてい》を聞くは聡耳《そうじ》と為さず。

【解説】

ここで孫武は、誰にでも勝ちとわかるような勝ち方や誰もが賞賛するような派

秋毫：動物の毛。
多力：力持ち。
雷霆：雷鳴。
聡耳：耳がよく聞こえること。

手な勝ち方を戒めている。

碩学の大家として知られた安岡正篤《まさひろ》の信条は「無名有実」である。「名前など社会に知られていなくとも構わん。自分の力を活用したいという人物の下で期待どおりにお役に立てればそれでよい。社会に必要とされる実力があればお呼びがかかるし、お呼びでなければ自彊《じきょう》、研鑽に励むのみ」と述べている。

訳

昔から戦に長けた者は、勝利の時機を捉えて楽に勝った。したがって、勝っても、それが自然であるため、その智謀がもてはやされることもなければ、勇敢さが称賛されることもなかった。

すなわち、確実な方法で勝つ。戦う前からすでに負けている敵と戦うのであるから、勝って当然である。それゆえ、戦上手は、まず自軍を不敗の態勢にし、敵の態勢が崩れる機会を逃さず、すかさず攻撃に出るのである。

つまり、勝つ軍隊は開戦前に勝利の条件を整えたうえで戦争をするが、負ける軍隊は戦争を始めてから勝利を手にしようとするのである。

安岡正篤：日本の陽明学者・思想家。一八九八（明治三一）年生、一九八三（昭和五八）年没。

古《いにし》えの所謂善く戦う者は、勝ち易きに勝つ者なり。故に善く戦う者の勝つや、智名も無く、勇功も無し。故に其の戦い勝ちて忒《たが》わず。忒わざる者は其の勝を措《お》く所、已《すで》に敗るる者に勝てばなり。故に善く戦う者は不敗の地に立ち、而して敵の敗を失わざるなり。是の故に勝兵は先ず勝ちて而る後に戦いを求め、敗兵は先ず戦いて而る後に勝を求む。

【解説】

「勝兵は先ず勝ちて而る後に戦いを求める」とは、根拠のない勝算ではなく、情報に基づき客観的に勝算を得ることである。論理的に勝算があり、軍備も完了、兵士の心の準備もできたうえで戦闘を行うということである。よって、失策さえしなければ勝利は確実になる。

つまり、戦争とは負けない仕組みを構築したうえで、敵が攻撃を仕掛けないように目論むか、もしくは戦ったとしても自軍の損害をできるだけ出さない戦い方（戦略）を立てることに尽きる。

3 組織運営の原則

訳

戦に長けた者は、道義に従い、軍制（規律）をよく守らせる。これにより、勝敗を事前に決することができる。

善く兵を用うる者は、道を修めて法を保つ。故に能《よ》く勝敗の政《せい》を為す。

【解説】

ここでは、優れた将軍ほど道義（人の踏むべき正しい道）の力を使って規律を守らせることで自軍を団結させることができるとしている。

第1章計篇でも主張しているが、戦争には大義名分が大事である。これが、兵士だけではなく国民の戦意を昂揚させるのである。

国も会社も大望を果たすには、リーダーが道徳や倫理に基づいて、公正なルールの中で正々堂々と戦うことをしっかりとチェックしながら進めることが原則である。リーダー自らが、ルールを逸脱することがあれば、必ずしっぺ返しを食らうのは企業の不祥事を見ればよくわかる。

◇**本《もと》必ず先ず顚《たお》れて、而して後、枝葉之に従う。**（『春秋左氏伝』閔公元年）

――樹木の根本が倒れると、枝葉も必ずそれに従い倒れる。同様に、国においても根本の道義を失えば、必ずそのあとに国全体が亡びるものである。

◇**本《もと》を舎《す》てて末を治む。**（『六韜』文韜）

――根本を捨てて末節を治める（誤りのもとである）。

4 勝算の算出手順

訳

戦争には、考慮すべき五つの原則がある。

①戦場の広さや高低、距離をはかること。

②軍備の投入量をはかること。

③兵の数をはかること。
④敵と味方の兵力を比較すること。
⑤これらの分析から勝敗を考えること。

まず、戦場の広さや距離をよく調べる。その土地の状況に基づいて物資の投入量が決まる。物資の量に基づいて、動員すべき兵数が決まり、その数に基づいて、自軍と敵軍の兵力を比較する。その兵力の強弱から勝敗が決定される。勝利が読める軍隊は、その力量が重い鎰《いつ》の目方で軽い銖《ちゅう》の目方を計るようなものだから、必ず勝つ。一方、敗退が予想される軍隊とは、軽い銖の目方で重い鎰の目方を計るようなものだから、必ず負ける。

兵法は、一に曰く度《たく》、二に曰く量《りょう》、三に曰く数《すう》、四に曰く称《しょう》、五に曰く勝《しょう》。地は度を生じ、度は量を生じ、量は数を生じ、数は称を生じ、称は勝を生ず。故に勝兵は鎰《いつ》を以て銖《しゅ》を称《はか》るが若《ごと》く、敗兵は銖を以て鎰を称るが若し。

【解説】

戦争はいわばプロジェクトである。よって、勝利というゴールに向けて、計画

鎰：重さの単位。約三二〇グラム
銖：重さの単位。約〇・六七グラム

的に速やかに物事を進行させていかなくてはならない。そのチェックポイントをここでは述べている。

5 勝利の態勢

訳

勝ち方を知る者が兵卒を戦わせるとき、まさに満々とたたえた水を深い谷底に堰を切って落とすようである。万全の態勢で臨むのは、まさにこの勢いを作り出すためなのだ。

勝者の民を戦わしむるや、積水を千仞《せんじん》の谿《たに》に決するが若《ごと》し者は形なり。

【解説】

一仭は、約二メートルなので千仭は二千メートルから流す水の勢いとなる。この水勢なら立ちふさがるものすべてをなぎ倒し、流してしまう破壊的な威力となろう。リーダーは兵士を鼓舞し、敵を倒すという目的が一致団結したとき、その思いは千仭のように大きな固まりとなり、単なる頭数分の力を遥かに凌駕する力を発揮する。

目的を共有した戦う集団は、人数分以上もの力を発揮する。そうした意識を創り出すのが将軍（リーダー）なのだということをここでは述べられている。

◇勝兵は水に似たり。（『尉繚子《うつりょうし》』武議第八）

――必勝の軍隊は水のようである。

第4章　形篇　［セルフ・チェック］

◇自分や組織に負けない型があるとすれば何か。

第5章

勢篇

集団としての軍隊のあり方について触れた篇

カギになる言葉

- 凡そ戦いは、正を以て合し、奇を以て勝つ
- 善く戦う者は、これを勢に求めて人に責めず、故に能く人を択びて勢に任ぜしむ

1

軍の統率

訳

孫子は言う。戦争では、大軍の兵を小人数を動かすように整然と統率するには、部隊を小分けに編成することである。そのうえで、旗や鳴り物など合図になるものを使えば、軍隊は規律を守ってよく働く。全軍の兵が敵軍のいかなる出方にもうまく対処し、決して負けることがないのは、奇法と正法を変幻自在に操るからである。

石を卵にぶつけるように、簡単に敵軍を打ち破り勝利をつかむのは、充実した軍隊で手薄な敵を討つという虚実の戦術を心得ているからである。

孫子曰く、凡そ衆を治むること寡《か》を治むるが如くなるは、分数是《こ》れなり。衆を闘わしむること寡を闘わしむるが如くなるは、形名《けいめい》是れなり。三軍の衆、畢《ことごと》く敵に受けて敗《はい》なからしむるべき者は、奇正《きせい》是れなり。兵の加うる所、碬《たん》を以て卵に投ずるが如くなる者は、虚実是れなり。

形名：形として見える旗、音としてわかる鉦や太鼓の音のこと。
三軍：上軍（先鋒）、中軍（本体）、下軍（後衛）を合わせた軍隊。
奇正：奇は敵と異なる戦術、正は敵と同じ戦術。
碬：砥石。
虚実：空虚な戦術と充実した戦術。

【解説】

ここでは組織の動かし方について述べている。その要諦は、規律である。組織として共有すべき情報が末端にまで速やかに伝わり、その情報をもとに迅速に行動する。これができている組織は強いと孫武は主張している。

そして、自軍の組織体制を充実させたうえで、敵の弱点を攻める。そのとき、相手の戦力の状況や天候などの環境変化に「適応」させた戦術を変幻自在に操る余裕がある組織ほど強いともいう。

2 正攻法と奇策の組み合わせ

訳

およそ戦争とは、敵よりも先に軍備を揃えて構える正法で対陣し、奇法を使って勝つ。

よって、奇法に卓越した者の戦術の展開は、天地のように変幻自在で極まりなく、長江黄河の豊かな水のように尽きることがない。戦術の繰り出し方は過ぎたと思えば訪れる四季のようであり、没したのちに上る太陽や月のようである。音の種類は宮・商・角・徴・羽のわずか五つだが、組み合わせ方で無数で極まりない音色となり、すべては聴きつくせない。色は青・黄・赤・白・黒のわずか五色だが、混ぜ合わせ方でさまざまな色となり、すべては見つくせない。味覚は酸・辛・鹹《かん》・甘・苦のわずか五つだが、調理の仕方によりさまざまな味に変わり、すべては味わいつくせない。

　戦争の態勢は正法と奇法をいかに組み合わせて変化を生むかが大事だが、その方法は無限である。奇から正へ、正から奇へと変化の切り替えは、丸い輪の上をどこまでたどっても終点がないように尽きない。これを窮める者が誰がいよう。

凡そ戦いは、正を以て合し、奇を以て勝つ。故に善く奇を出だす者は、窮まり無きこと天地の如く、竭《つ》きざること江河《こうが》の如し。終わりて復《ま》た始まるは、四時是れなり。死して復た生ずるは、日月是れなり。声は五に過ぎざるも、五声の変は勝《あ》げて聴くべからざるなり。色は五に過ぎざるも、五色の変は勝げて観るべからざるなり。味は五に過ぎざるも、五味の変は勝げて嘗《な》むべからざるなり。戦勢は奇正に過ぎざるも、奇正の変は勝げて窮むべからざるなり。奇正の還りて相い生ずることは、環の端なきが如し。孰《たれ》か能《よ》くこれを窮めんや。

【解説】

ここでいう「奇」とは、いわゆる誰も想像しないような奇策という意味に留まらず、敵軍に対して敵軍とは異質な兵力を激突させるという意味までをも含む。例えば、敵軍が歩兵隊で来たら自軍は騎馬隊を、騎馬隊で来たら自軍は戦車隊をといった具合である。

『史記』(孫子呉起列傳)にこのような逸話がある。

後の斉《せい》国の名軍師、孫臏《そんぴん》がその斉国の田忌《でんき》将軍の客人であった頃である。斉国で威王と公子たちと田忌が馬を三組ずつ出して競馬が開催された。負け続きの田忌がなんとか勝てないか孫臏に相談した。孫臏は次のように言った。

「相手の上の馬には下の馬を、中の馬には上の馬を、下の馬には中の馬をぶつけてください」

田忌は孫臏の言に従い、二勝一敗で勝者となり、賞金千金を獲得することができた。田忌は孫臏の才を買い、彼を軍師として威王に推挙した。

これは相手の裏をかく「奇」の戦術である。「奇」の戦術ではあるが、よくよく考えてみれば論理性に基づいたシンプルな戦術であることがわかる。孫臏は奇をてらったのではなく、威王たちの馬の特性と田忌将軍の馬の特性を見極め、何をすれば勝てるかを瞬時に計算したのである。地頭力が良かったこともあると思うが、観察眼と洞察力、それに論理力が高かったものと推測できる。

3 戦いの勢い

訳

水が激しい流れとなって岩石までも押し流すのが、勢いである。猛獣が獲物を一撃のもとに打ち砕くのが、瞬発力である。戦に長けた者の戦い方も同じである。その勢いは激しく、破壊力は一瞬である。たとえれば、勢いは弓を引き絞ったときの弾力であり、瞬発力は矢を放つ一瞬である。

激水の疾《はや》くして石を漂《ただよわ》すに至る者は勢なり。鷙鳥《しちょう》の撃ちて毀折《きせつ》に至る

鷙鳥：鷹や鷲などの猛禽類。
毀折：みなぎる力を一気に吐き出し打ち砕くさま。

者は、節なり。是《こ》の故に善く戦う者は、其の勢は険にして其の節は短なり。勢は弩《ど》を彍《ひ》くが如く、節は機を発するが如し。

【解説】
勝負に勝つには軍の士気を極限にまで高める。膨満した士気の堰を一気に切ることで爆発的な瞬発力が生まれる。この勢いが生じれば、あとはその流れに任せて短期的に勝負を決する。勝負を長引かせない秘訣でもある。

4 組織統率の要諦

訳

混乱は統治の中から生じ、臆病は勇敢の中に芽があり、軟弱は屈強の中に潜む。統治と混乱の境は部隊の統制力次第である。勇敢か臆病かは軍隊の勢い次第である。屈強か軟弱かは軍隊の態勢次第である。

乱は治に生じ、怯《きょう》は勇に生じ、弱は彊《きょう》に生ず。治乱は数なり。勇怯は

怯：恐れて気後れすること。
彊：強いこと。

勢なり。彊弱は形なり。

【解説】
勇敢な軍隊とは、士気が高く勝利への情熱に満ちた状態のことである。しかし、戦況が悪化し味方が倒されていくと少しずつ怖じ気づいていき、ついには恐怖が軍隊内に広がり、臆病になっていく。そうならないために、軍全体に勢いを生じさせることが大事だと説く章句である。

5 敵の陽動

訳
そこで、巧みに敵を操る者が敵をおびき寄せると、敵はその誘いに進んで乗り、敵が欲しがるものを見せれば、敵は必ずそれを取りにくる。つまり、敵に利となる物を与えて誘い出し、その裏をかき待ち受け攻める。

故に善く敵を動かす者は、これに形《けい》すれば敵必ずこれに従い、これに

予《あた》うれば、敵必ずこれを取る。利を以てこれを動かし、詐《さ》を以てこれを待つ。

【解説】

人の多くは、損得を判断基準にして行動を決める。孫武はその隙を衝けという。しかし、相手が目の前の利益と損害に興味を示さなれば、隙を生み出せない。その場合には、相手をおだてたり、贈り物をしたりして、こちらに対して親近感や信頼感を抱かせ、警戒心を解き油断するという隙を生み出す。

◇之れを敗らんと将欲《ほっ》せば、必ず姑《しば》く之れを輔《たす》けよ。（『韓非子』説林上）
——敵を敗ろうと思うなら、その敵をしばらく支援することで、油断と驕りを生じさせて勝機を見出す。

とは言え、剛毅な人物は利益では動かないため、隙を生み出すことは容易ではない。しかし、不可能ではない。剛毅な人物は、道義を重んじる。その人にとり恩義ある人物を標的にすれば、動かせないことはない。不利を承知であろうとも、動かぬことは道義に反することであり、動かざるを得ないのである。

詐：あざむくこと。

6

勢いの加速

訳

戦に長けた者は、勢いが勝利を呼ぶことを知り、兵個々の力量に頼らない。したがい、兵を適材適所に配置した後は、集団の勢いを生むことに専心する。

勢いが生じれば、兵たちは坂を転がる丸太や石ころのように見事な力を発揮する。丸太や石は、平面では静かだが、傾斜では力を加えずとも動きだす。また、四角であれば動かず、丸ければ転がる。つまり、巧みに兵を戦わせる勢いは、千仞の山から丸い石を転げ落とすようなものであり、これを戦いの勢いという。

故に善く戦う者は、これを勢《せい》に求めて人に責めず、故に能く人を択びて勢に任ぜしむ。勢に任ずる者は、其の人を戦わしむるや木石を転ずるが如し。木石の性は安ければ則ち静かに、危うければ則ち動き、方

千仞：非常に高いということ。

なれば則ち止まり、円なれば則ち行く。故に善く人を戦わしむるの勢い、円石を千仞《せんじん》の山に転ずるが如くなる者は、勢なり。

【解説】

そもそも、孫武が仕えた呉国の軍隊は、専従の戦闘要員による精鋭兵士ばかりではなく、そのほとんどが徴兵した農民で編成されていた。そのような軍隊を率いて戦場に投入し、戦果を挙げなければならない。将軍は、各個人が自分勝手な感情や思惑に左右されることなく、軍全体を一つの有機集合体として機能させることを目指さなければならない。

だから、特定の勇者の蛮勇や技能に頼ってはならない。そもそも、頼るべき有能な兵士も多くはない。戦闘能力や戦意がばらばらの兵たちの意識を高め、目標に向けて団結させ続けることは容易ではないが、それを実現するのが有能な将軍である。

自ら組織をまとめ、組織力で成果をおさめるリーダーほど、能力にバラツキのあるメンバー個々の特性を引き出すのがうまい。それに反して、有能さを恃むリーダーは優秀なメンバーに重要な仕事を与えるが、能力の劣る者には軽い仕事しか与えない。ここに集団力と個人力による仕事力の隔絶が生まれる。集団力が発揮されるチームはそれぞれの特性から異能を学習する。個人力に頼るチームはできる者とできない者が大きく乖離してくる。組織を永続させるには、どちらが良いかは明白であろう。

◇備わるを一人《いちにん》に求むることなかれ。（『論語』微子第十八）
——ただ一人の人間に何もかも要求してはならない。

第5章　勢篇　［セルフ・チェック］

◇自分や組織を勢いづかせる方法にはどんなことがあるか。

第6章

虚実篇

敵に自軍の様子をつかまれないようにすることで主導権を握り、敵を操ることを説く篇

カギになる言葉

- 凡そ先きに戦地に処《お》りて、敵を待つ者は佚《いっ》し、後れて戦地に処りて、戦いに趨《おもむ》く者は労す
- 善く戦う者は人を致して人に致されず
- 兵を形するの極は、無形に至る
- 兵の形は水に象《かたど》る

1

人を致して人に致されず

訳

孫子は言う。敵より先に戦地に着き、敵が来るのを待ち受けるのであれば楽な戦いができる。しかし、敵より後れて戦地に着き、待ち受ける敵と戦えば、苦戦となる。

したがって、戦に長けた者は、敵を思うように動かし、敵には思うように動かされない。敵を引き寄せられるのは敵に有利だと思わせることがうまく、敵を近づけさせないのは敵に不利だと思わせる策を使うからである。

また、敵が休むときには、策により奔走させ、食料が十分なら兵站を断ち飢えさせ、敵が平静にあれば、計略を用いて動揺させる。

孫子曰く、凡そ先きに戦地に処《お》りて、敵を待つ者は佚《いっ》し、後《おく》れて戦地に処りて、戦いに趨《おもむ》く者は労す。故に善く戦う者は人を致して人に致

佚：楽にさせる。安んじ楽しませる。

されず。能く敵人をして自ら至らしむる者は、これを利すればなり。能く敵人をして至るを得ざらしむる者は、これを害すればなり。故に敵、佚すれば能くこれを労し、飽《あ》けば能くこれを饑《う》えしめ、安んずれば能くこれを動かす。

【解説】

ここでは、主導権の重要性について説いている。孫武が説く「人を致して人に致されず（相手を思うように動かし、相手には思うように動かされない）」は至言であり、人生哲学である。自分が思い描くように事が進められることほど、爽快なことはないからだ。

一方で、「人に致される」は快く思わないものだ。私たちが抱える悩みの多くは、人や何かに「致される」ことに起因しているからである。「致される」ことは、他人に振り回され、不快な思いに繋がる。

孔子は、問題解決や将来への期待を「自分に求めて、他人に頼るな」と説く。徳川家康は、思いどおりにならぬことがあれば、「怒りを敵と思え」として、「忍耐という心の武器をもって、その場を凌げ」と言った。

また仏道では、「生きている間に自分が主導権を握れないことが厳然とあることを知れ」とのことを「四苦八苦」（＊）という言葉で表している。

◇**虚なれば則ち実の情を知り、静なれば則ち動の正を知る。**（『韓非子』主道）

——心を虚しくしていれば、他者の心の真の姿を知ることができ、心が静かであれば、他者の行動を正しくとらえることができる。

2 敵に先んじ、敵を眩ます

訳

こうして、敵の先回りをし、敵が思いもしない場所に移動する。千里もの長い行軍で兵が疲れないのは、敵のいないところを選んで行軍するからだ。攻撃して敵を打ち負かすことができるのは、敵の守備が手薄なところを攻めるからだ。守り抜くことができるのは、敵が攻めづらいところを守るからだ。

攻め上手な者にかかると、敵はどこを守ったらよいのかわからず、守り

＊「四苦」は、生・老・病・死の四つ。加えて、愛別離苦《あいべつりく》（愛する人との別れ）、怨憎会苦《おんぞうえく》（怨み憎む人とのつきあい）、求《ぐ》不得苦《ふとくく》（求めるものが得られないこと）、五蘊盛《ごうんじょう》苦《く》（自分の肉体と精神が思うままにならないこと）の四苦の合わせて八苦。

上手な者にかかると、敵はどこを攻めたらよいのかわからない。臨機応変な型をつくり、気配を消すように静かに行動する。これにより、戦いの主導権を握ることができる。

其の必ず趨《おもむ》く所に出で、其の意《おもわ》ざる所に趨き、千里を行きて労《つか》れざる者は、無人の地を行けばなり。攻めて必ず取る者は、其の守らざる所を攻むればなり。守りて必ず固《かた》き者は、其の攻めざる所を守ればなり。故に善く攻むる者には、敵其の守る所を知らず。善く守る者には、敵其の攻むる所を知らず。微《び》なるかな微なるかな、無形に至る。神《しん》なるかな神なるかな、無声に至る。故に能く敵の司命を為す。

【解説】

権謀術数を用い、敵を攪乱することで戦況を優位に導く。ここでの要諦である。

平時から有事に備えることと、戦いに入ってからは敵の虚をつくこと。これが奏功した戦争の好事例が、前三五三年の「桂陵《けいりょう》の戦い」である。

独立国として君臨することを目指す魏国の恵王は、将軍龐涓《ほうけん》に趙国侵攻を命

恵王：魏の第三代君主。紀元前四〇〇年生、紀元前三一九年没。
龐涓：魏の将軍。学友だった孫臏の才に恐れをなし、謀にかける。

令、主力総出で趙国の都、邯鄲《かんたん》を包囲する。魏軍の猛攻に耐えきれなくなった趙王は斉《せい》国に支援を要請、斉の威王は、この要請に応じ、田忌《でんき》を将軍、孫武の子孫といわれる孫臏《そんびん》を軍師に任命し、援軍を派遣する。

田忌将軍が邯鄲に進軍しようとしたところ、孫臏に制される。

「魏軍の精鋭部隊は邯鄲におり、現在、魏国の都である大梁《だいりょう》の防備は手薄です。ここで邯鄲ではなく大梁に進軍すれば、魏軍は慌て、自ら邯鄲の包囲を解き、疲弊しながらも自国へ急ぎ戻らざるを得なくなるでしょう」

斉軍は邯鄲ではなく、一路、魏国の都、大梁を目指した。

一方の魏軍の龐涓将軍は余裕綽々である。もし邯鄲解放のために斉軍が進軍してくれれば、この大軍で返り討ちにしてやるだけのことと高を括っていた。そこに、「斉軍が魏国の都大梁に向けて進軍中」との予想だにしない一報が入る。一瞬にして魏軍は大混乱となる。首都を守るのは老兵・女・子供ばかりである。

魏軍は昼夜兼行で大梁に急ぐ。この機会を逃さぬ孫臏は、魏軍が通る桂陵の地で準備を整え待ち伏せをし、攻撃をしかけた。疲弊しきった魏軍は総崩れとなり、斉軍の大勝利となったのである。

3 虚を衝く

訳

進撃で敵の防御を打ち壊すには、手薄なところを衝く。自軍の退却で敵が追わないためには、速やかに移動する。

そこで、自軍が攻めに向かうとき、たとえ敵が土塁を高く積み上げ堀を深くし篭城しても、敵が戦わざるを得ない箇所を攻めて城から出させる。

自軍が戦いたくないとき、防衛線を地に描けば、敵は勇んで進軍してきても、この策により進軍方向をはぐらかせることができる。

進みて禦《ふせ》ぐべからざる者は、其の虚を衝《つ》けばなり。退きて追うべからざる者は、速かにして及ぶべからざればなり。故に我れ戦わんと欲すれば、敵塁《るい》を高くし溝《こう》を深くすと雖《いえど》も、我れと戦わざるを得ざる者は、其の必ず救う所を攻せむればなり。我れ戦いを欲せざれば、地を画《かく》してこれを守るも、敵我れと戦うことを得ざる者は、其の之《ゆ》く所に乖《そむ》け

乖：そむく。はなれる。

ばなり。

【解説】

ここでは戦争は全面対決を避けるのが賢明であり、損害を出さない戦い方のあり方を説いている。その戦い方とは、敵の虚を衝くことである。

その策を奏功させたのが、越王勾践《こうせん》である。

前四九六年、越国の王、允常《いんじょう》が亡くなり、子の勾践が即位した。喪中であるうえに新王が即位したばかりで内政が固まっていない隙を狙い呉王闔閭《こうりょ》は越に侵攻を始めた。

これに対し、越軍は奇策をとる。まず、三列横隊に並ばせた小隊を呉軍の前に進ませる。そして、一隊ずつ前に出して、兵士が自分の首を刎《は》ねはじめたのである。実はこの兵士たちは死刑囚であり、自害すれば残された家族の生活を保証するという交換条件を出されたのだった。

この様子を見た呉軍は闔閭までもが仰天し、騒然となった。越軍はすかさずこの不意を衝き、呉軍の両翼を急襲して撤退させた。辛くも戦場から脱出することができた闔閭であったが、撤退時に負った傷がもとで亡くなってしまう。

さて、呉王闔閭の後継者が子の夫差《ふさ》である。父を殺された怨み、蹴散らされた

勾践：春秋五覇の一人。生年不詳、前四六五年没。父允常の死後、越王に即位したが、呉に攻め込まれるものの、軍師范蠡の奇策により呉を撃破、この戦での怪我がもとで呉王闔閭は没する。

允常：越の富国強兵を進めた。生年不詳、前四九六年没。

闔閭：呉国の第六代王。生年不詳、前四九六年没。孫武、伍子胥を軍師に取り立て、大国楚を打ち破ろうとするも叶わず。

夫差：中国春秋時代の呉

屈辱を、夫差は薪の上で寝ることの痛みで忘れぬようにし国力増強に努めた。
このことから「臥薪（嘗胆）」の故事が生まれた。

4

集中と分散

訳

敵には態勢を露わにさせ、自軍の態勢を隠せば、自軍は敵の態勢に合わせて兵力を集中させられ、敵は疑心暗鬼から兵力を分散させる。自軍は兵力を一つにまとめ、敵は十の部隊に分散すれば、十倍の兵力で一つの小隊を攻撃できる。つまり、自軍は大隊、敵は小部隊ということだ。
大勢で小勢を攻撃できるのは、自軍の兵力が結集しているからである。どこから攻撃されるかわからなければ、敵は不安を抱き、兵力の分散をせざるを得なくなる。敵の兵力が分散されれば、自軍は小勢を相手にできる。

の最後の王、春秋五覇の一人。生年不詳、紀元前四七三年没。呉の第七代王。越王勾践により殺された父・闔閭の仇を討つため、軍師伍子胥を従えて越に挑むが敗北し自決。

故に人を形《かたち》せしめて我れに形無ければ、則ち我れは専《あつ》まりて敵は分かる。我れは専まりて一と為り敵は分かれて十と為らば、是れ十を以て其の一を攻むるなり。則ち我れは衆《おおく》くして敵は寡《すく》なきなり。能く衆きを以て寡なきを撃てば、則ち吾が与《とも》に戦う所の者は約なり。吾が与に戦う所の地は知るべからず、知るべからざれば、則ち敵の備うる所の者多し。敵の備うる所の者多ければ、則ち吾が与に戦う所の者は寡なし。

【解説】

敵がどんな陣容・陣形で攻めてくるかがわからなければ、攻め入る可能性のある場所に兵力を分散せざるを得ない。敵の力を分散させることができた時点で、戦いを有利に進めることができる。

◇**力分かつ者は弱く、心疑う者は背く。**（『尉繚子』攻権第五）

――力を分散すれば弱くなり、心に疑念があれば互いに背きあって、事の遂行を妨げる。

訳

前方に備えれば後方の兵力が減り、後方に備えれば前方の兵力が減る。左方に備えれば右方の兵力が減り、右方に備えれば左方の兵力が減る。四方八方に備えれば、四方八方すべての兵力が減る。小勢になるのは、相手に備える立場だからである。大勢でいられるのは、相手に備えさせる立場だからである。

故に前に備うれば則ち後寡《すく》なく、後に備うれば則ち前寡なく、左に備うれば則ち右寡なく、右に備うれば則ち左寡なく、備えざる所なければ則ち寡なからざる所なし。寡なき者は人に備うる者なればなり。衆《おお》き者は人をして己れに備えしむる者なればなり。

【解説】

見えない敵の攻撃に備えるには戦力を分散せざるを得ない。それが不利に繋がる。逆に相手が見えていれば、そこに戦力を集中して攻め入ることができる。

どんな戦いも情報が勝敗を左右する。よって、敵の情報を多く集め、自分の情報を敵に見せない。情報の優劣がはっきりするほどに勝敗の行方も決まってくる。これが戦いの真理である。

訳

そこで、戦うべき場所と時期が判断できたなら、たとえ千里の遠方でも先に戦地に着き主導権を取り戦うべきである。逆に、戦うべき場所も時期も見当がつかなければ、左方の軍は右方の軍を助けることができず、右方の軍も左方の軍を助けることができず、後方の軍も前方の軍を助けることができず、前方の軍は後方の軍を助けることができない。まして、数里、数十里離れた遠い場所で戦う場合は、なおさらである。

私は、越の国の兵がいかに多くても、それは勝敗に関係ないと考える。だから勝利は思いのまま手にすることができると言ったのだ。敵がいかに大勢でも、その兵力を削いで戦えないようにすればいいのである。

故に戦いの地を知り戦いの日を知れば、則ち千里にして会戦すべし。戦いの地を知らず戦いの日を知らざれば、則ち左は右を救うこと能《あた》わず、右は左を救うこと能わず、前は後を救うこと能わず、後は前を救うこと能わず。而《しか》るを況《いわん》や遠き者は数十里、近きは数里なるをや。吾れを以てこれを度《はか》るに、越人《えつひと》の兵は多しと雖《いえど》も、亦《ま》たまた奚《なん》ぞ勝に益せんや。故に曰く、勝は擅《ほしい》ままにすべきなりと。敵は衆《おお》しと雖も、闘い無からしむべし。

【解説】

越国は呉国の隣国であり、犬猿の仲であったことから「呉越同舟」（九地篇5参照）という熟語が生まれたほどである。

前五〇六年の「柏挙《はくきょ》の戦い」で呉王闔閭《こうりょ》が楚国の首都郢《えい》を陥としたとき、その留守を狙って越王允常《いんじゅう》が呉国へ侵攻したり、允常が死去したときを狙い呉国が越国に侵攻したりと、二国は戦に明け暮れた。

5 相手を知る方法

訳 **そこで開戦前に敵情を目算して戦力の強弱を見積り、敵軍に誘いをかけて行動基準を知り、その行動から地形の有利不利を知り、敵軍に小競り合**

いを仕掛け、兵力に勝るところと手薄なところをつかむ。

故にこれを策《はか》りて得失の計を知り、これを作《おこ》して動静の理を知り、これを形《あらわ》して死生の地を知り、之に角《ふ》れて有余不足の処を知る。

【解説】

敵軍の思惑、その実現のための具体的な陣容を把握するために、本章句では四通りの方法を述べている。

6 隠蔽

訳

したがって、軍の究極の態勢は無形（変幻自在で、決まった形をもたないこと）である。無形であれば、敵の間者が深く入り込んでいても何もつかめず、どれほど有能な者でも何も推量できない。敵の態勢に応じて策をめぐらし勝利しても、誰にもそのことはわからない。人々はどのような形

角：比べる。争う。競う。

で勝ったかはわかっても、味方の勝利は敵の態勢に応じた自軍の変幻自在な態勢にあったことはわからない。
したがって、戦いの勝ち方は一様ではなく、同じ戦い方は二度とない。敵軍の態勢に応じて無限に変化するものなのである。

故に兵を形するの極は、無形に至る。無形なれば、深間《しんかん》も窺うこと能《あた》わず、智者も謀ること能わず。形に因りて勝を錯《お》くも、衆は知ること能わず。人皆な我が勝つ形を知るも、吾が勝を制する所以の形を知ること莫《な》し。故に其の戦い勝つや復《くりかえ》さずして、形に無窮に応ず。

【解説】

孫武は、戦略は一度決めたら何があってもそれにこだわることは危険だと戒める。第二次大戦の日本軍敗因を研究した『失敗の本質』（ダイヤモンド社）に英国司令官の日本軍評として、作戦が誤ったとしてもそれをただちに立て直す心がまえがなかったとある。戦況に応じては剛直ではなく、柔軟に対処する。相手に手の内を読まれないように変幻自在に戦略を変える。勝利の方程式の一つである。

深間：自軍内に深く入り込んだ間者。

7 柔軟性

訳

軍の態勢は水のようなものである。水は高い所を避けて低い所へと流れていく。このように、軍の態勢も敵の備えが充実したところを避け、手薄なところを撃つべきである。

水は地形の変化に沿って流れを決める。戦闘も、敵情の変化に沿って打つ手を決め、勝利を決する。水に決まった形がないように、軍隊の勢いにも決まった形はない。このように敵情に応じて変化し、勝利を収めることを「神妙」という。

これは、常に変化し続ける自然界の働きに似ている。つまり、木・火・土・金・水の五行も、木は土に、土は水に、水は火に、火は金に、金は木にそれぞれ強く、常に一つだけで勝つわけではない。また、春・夏・秋・冬の四季も、常に一つの季節だけが居すわることはない。日の長さは絶えず変わり、月には満ち欠けがある。（つまり、何事も変化が大事なのだ。）

夫《そ》れ兵の形は水に象《かたど》る。水の行は高きを避けて下《ひく》きに趨《おもむ》く。兵の形は実を避けて虚《きょ》を撃つ。水は地に因《よ》りて流れを制し、兵は敵に因りて勝を制す。故に兵に常勢なく、常形なし。能く敵に因りて変化して勝を取る者、これを神《しん》と謂う。故に五行に常勝なく、四時《しじ》に常位なく、日に短長あり、月に死生あり。

【解説】

孫武は水をたとえに、自然な流れで戦略を遂行する重要性を唱えている。無理は必ず組織に綻びを生む。物事の原理原則に従って戦うのがよく、自軍の長所を活かして、相手の短所を打つとのシンプルな考えを推奨している。

文中の「故に兵に常勢なく」から「兵無常勢《へいむじょうせい》」の熟語が生まれた。原義は「戦争にこうすれば勝てるという固定的で有利な態勢など存在しない」である。これを人生に転じて、「成功の法則など存在せず、常に情況に応じて臨機応変に最善の判断をしていくべきである」という教えである。

さて、兵法に限らず、古来より、水はよく人生のたとえに用いられる。リーダーとして味わいたい名言を挙げておく。

五行：中国古代の五行思想のこと。
四時：四季のこと。

◇**上善は水の如し。水は善く万物を利して争わず、衆人の悪《にく》む所に処《お》る。**（『老子』八章）

——最上の善は水のようなものである。万物に利沢を与え、人々が嫌がる低い場所にも流れて行く。

◇**前に従うこと流るるが如し。**（『春秋左氏伝』昭公十三年）

——善きことと理解したならば、躊躇して留まることなく、水の流れるように自然に従っていくべきである。

第6章　虚実篇　［セルフ・チェック］

◇しがらみに縛れず、善き事を実践しているか。

第7章

軍争篇

敵より後れて出陣しながら、先に戦場に着いて待ち受ける戦術を説く篇

カギになる言葉

- 迂直の計
- 其の疾《はや》きことは風の如く、其の徐《しず》かなることは林の如く、侵掠することは火の如く、知り難きことは陰の如く、動かざることは山の如く、動くことは雷の震うが如く

1 迂直の計

訳

孫子は言う。開戦が決まれば、将軍が主君の命令を受けてから、兵を集めて軍隊を編成し陣を張り敵と対陣するが、このとき「軍争」ほど難しいことはない。軍争とは敵よりも先に戦地に着くことである。軍争の難しさは、まわり道をまっすぐな道のごとく最短にし、不利を有利に転ずることにある。つまり、わざとまわり道をして敵を安心させ、敵をおとりで釣って行軍を引き留め、敵よりも遅れて出発しながら先に到着する。これが迂《う》直《ちょく》の計である。

孫子曰く、凡《おおよ》そ用兵の法は、将、命を君より受け、軍を合し衆を聚《あつ》め、和《か》を交えて舎《とど》まるに、軍争より難きは莫《な》し。軍争の難きは、迂《う》を以て直と為し、患《かん》を以て利と為す。故に其の途《みち》を迂《う》にしてこれを誘うに利を以てし、人に後れて発して人に先んじて至る。此れ迂《う》直《ちょく》の計を知る

迂直の計：自軍は回り道（迂回）をしながら戦場に到着することが敵よりも遅くなると見せかけ、先に到着する計略である。

和：陣営の出入口。
患：憂うること。ここでは、不利なこと。

者なり。

【解説】

敵に迂回する姿を見せつけて油断させることで、相手の虚をつく。ただし、遠回りをするのであるから、軍を動かす方法には兵站を含め、困難がつきまとう。困難な計略だからこそ、効果も大きい。

前五一一年、呉王闔閭《こうりょ》は軍師の孫武と伍子胥《ごししょ》を煽り立て楚国へ侵攻する。呉に近接する舒《じょ》を攻略し、その勢いで楚の都、郢《えい》に進撃しようとする闔閭に対して孫武は「迂直の計」を進言し、呉国に引き返して国力および兵力増強にあてる。

そして六年後の前五〇六年に改めて楚国に侵攻し、「伯挙《はくきょ》の戦い」（虚実篇1参照）において郢を陥落したのである。

訳

軍争に勝てば勝利に近づくが、一方で危険もはらんでいる。仮に、有利な地を得ようと、一挙に全軍を前線に投入すれば、大隊となって動きが鈍くなり敵に遅れてしまう。また、軍の態勢を無視して有利な地を得ようと争えば、重い荷物を運ぶ兵站部隊は置き去りにされる。軍隊に兵糧や武器、被服や財貨がなければ勝ち目はない。

伯挙の戦い…長年敵対していた南の大国楚と現在の東シナ海に面する呉（現在の上海付近）は紀元前五〇六年、現在の湖北省安陸市あたりの伯挙において決戦する。呉軍三万に対し、楚軍は二〇万。しかし呉軍は精鋭揃いの上、楚軍の軍師が戦略を誤り、楚の昭王は逃亡、楚軍は壊滅した。その後、楚の大臣が秦に救援を求め、やむなく呉軍は楚から撤退した。

身軽になろうと鎧を体に巻いて走り、昼夜休まずに行軍し、百里先の有利な地を得ようと逸れば、上軍・中軍・下軍の三将軍ともに捕虜となる。強健な兵は先に着くが、疲労した兵は取り残され、十人に一人しか到着できない。

また、五十里先の有利な地を得ようと逸れば、半分ほどの兵しか戦場に到着できず、先鋒の上将軍は戦死する。三十里先の有利な地を得ようと逸れば、戦場に着くのは三分の二の兵にとどまる。

軍争は利たり、軍争は危たり。軍を挙げて利を争えば則ち及ばず、軍を委《す》てて利を争えば則ち輜重《しちゅう》捐《す》てらる。是の故に甲を巻きて趨《はし》り、日夜処《お》らず、道を倍して兼行し、百里にして利を争うときは、則ち三将軍を擒《とりこ》にせらる。勁《つよ》き者は先きだち、疲《つか》るる者は後《おく》れ、其の法十にして一至る。五十里にして利を争うときは、則ち上将軍を蹶《たお》す。其の法半《なか》ば至る。三十里にして利を争うときは、則ち三分の二至る。

【解説】

戦場に到着するのがさみだれ式になれば部隊は小さい単位での到着となり、そ

輜重：後衛の兵站部隊。

三将軍：上軍（先鋒）、中軍（本隊）、下軍（後衛）を司るそれぞれの将軍。

馬陵の戦い：魏と斉の決戦。斉の勝利。兵法を共に学んだ孫臏と龐涓だったが、魏に仕官した龐涓は孫臏の才を疎み、謀略をもって孫臏を幽閉する。しかし、孫臏は斉に逃れることができ、斉の

こを敵に攻め込まれれば、到着順に殲滅させられる。それほどに危険な策ということだ。前三四一年の「馬陵《ばりょう》の戦い」（九変篇1参照）での魏軍の敗北にも見られるとおりである。

2 諜報活動を行い、裏をかく

訳

そこで、周辺諸国の謀略が読めなければ、同盟は結べない。山林や要害、湖沼などの地勢を事前に知らなければ、進軍してはならない。その土地に詳しい案内役が使えなければ、地の利は得られない。

故に諸侯の謀《はかりごと》を知らざる者は、預《あらかじめ》め交わること能わず。山林、険《けん》阻《そ》、沮《そ》沢《たく》の形を知らざる者は、軍を行《や》ること能わず。郷導《きょうどう》を用いざる者は、地の利を得ること能わず。

軍師となる。孫臏は斉軍の兵が脱走したと見せかけたことで、龐涓は寡兵となった斉軍を討つべしと逸り、騎馬隊のみで斉軍を追走したが、狭隘な馬陵（現在の山東省臨沂市付近）で待ち伏せていた一万の斉軍の一斉射撃を受け戦死する。この戦いにより国力が衰微した魏は斉に服従することになる。

険阻：通行に難航する険しい地形。
沮沢：湖沼や池。
郷導：土地勘のある案内者。

【解説】

諸侯からの信頼が厚かったのが重耳である。彼の名声が世に知られたのが、「三舎退避《サンシャタイヒ》」の出典にもなった前六三二年の「城濮《じょうぼく》の戦い」である。

重耳《ちょうじ》が未だ亡命公子だった頃、楚国荘王に厚遇された。ある日、荘王は重耳に「王になれた暁の私への返礼は何か」と尋ねた。重耳は不遜にも「仮に貴国と戦うことがあれば三舎（約三六km）後退いたしましょう」と答えた。これを聞いた荘王の家臣子玉《シギョク》は激怒し、重耳を誅殺するよう王に進言したが荘王はそれを聞き入れなかった。

やがて六〇歳にして晋国王に即位した重耳は、荘王の跡を継いだ成王の楚国が攻める宋国の救援を決断する。このとき、荘王への恩義を守り、三舎後退した。重耳は各諸侯からの信頼も厚く、春秋五覇の筆頭に数えられることになる。六八歳で没したが、晋国安定の功績から、諡号《しごう》「文」を諡《おくりな》され、文公と称された。

3 迂直の計を追究する

三舎退避：相手を恐れて尻込みすること。舎とは古代中国の軍隊が一日に進む距離の三〇里。

重耳：中国春秋時代の晋国王。前六九六生、前六二八没。春秋五覇の一人。

諡号：生前に功績があった王など高貴な人が死後付けられる名。

訳

戦争の基本は敵の裏をかくことである。有利と見ればすぐに動き、兵力を臨機応変に分散・統合させる。

したがって、軍隊は、疾風のように迅速に進撃するかと思えば、林のように静まりかえってじっと待機する。火が燃え広がるように襲撃するかと思えば、暗闇に姿をくらましどこにいるかわからない。泰山のようにどっしりと動かないかと思えば、雷鳴のように激しく動く。また、敵の都市部に侵攻し兵糧を得るときには兵を手分けし、敵地を奪って領土を拡張するときには獲得した領地を分け与え守らせ、状況を見極めて行動する。迂直の計を敵よりも先に知る者が勝つ。これが軍争である。

故に兵は詐《さ》を以《もっ》て立ち、利を以て動き、分合を以て変を為す者なり。故に其の疾《はや》きことは風の如く、其の徐《しず》かなることは林の如く、侵掠《しんりゃく》することは火の如く、知り難きことは陰の如く、動かざることは山の如く、動くこと雷の震《ふる》うが如くにして、郷《きょう》を掠《かす》むるには衆を分かち、地を廓《ひろ》むるには利を分かち、権を懸けて而《しか》して動く。迂直の計を先知する者は勝つ。此れ軍争の法なり。

【解説】

この章句は、甲斐武田軍の軍旗「風林火山」の出典である。兵士にとりわかりやすい行動規範であるために用いられた。武田軍は、正、奇、動、静をもって戦いに臨んだとされるが、孫子の教えを具体的に体現したことになる。

4 組織をまとめる法

訳

古い兵法書には、「声だけではお互い聞こえず、ゆえに鉦《かね》や太鼓を作る。味方だとわからず、ゆえに幟《のぼり》や旗を作る」とある。そのため、昼の合戦には幟や旗を、夜戦には鉦や太鼓がよく使われる。ここから鉦や太鼓、幟や旗による軍の統制が始まったのである。兵の意識が一つになれば、勇敢な者が独断で戦うことはなく、臆病者が勝手に逃げ出すこともない。合図や目印があることで混戦になっても乱れず、戦況が見えなくても敗れは

しないのである。これが大軍を統率する方法である。

軍政《ぐんせい》に曰く、「言うとも相い聞こえず、故に金鼓《きんこ》を為《つく》る。視《しめ》すとも相い見えず、故に旌旗《せいき》を為る」と。是の故に昼戦に旌旗多く、夜戦に金鼓多し。金鼓・旌旗なる者は人の耳目を一にする所以《ゆえん》なり。人既に専一《せんいつ》なれば、則ち勇者も独り進むことを得ず、怯者《きょうじゃ》も独り退くことを得ず。紛紛紜紜《ふんぷんうんうん》として闘い乱れて、乱すべからず。渾渾沌沌《こんこんとんとん》として形円《まる》くして、敗るべからず。此れ衆を用うるの法なり。

【解説】

軍隊への指示命令は、太鼓や旗による合図で行われた。集団心理を巧みに用いれば、組織をまるで一人の人間のように操作できる。

この策を用いたのが前六八二年の「長勺《ちょうしゃく》の戦い」である。斉軍が魯国に侵攻、魯国の荘公が応戦しようとしたとき、曹劌《そうかい》という人物が荘公に進言し軍師役となり、荘公の戦車に同乗し戦場に向かうこととなった。

対峙した両軍。斉軍が戦闘開始の太鼓を一回、二回と鳴らしても曹劌は荘公の出撃命令を抑えて魯軍を呼応させず身動きしなかった。

金鼓：鐘や太鼓。
旌旗：幟や旗。
紛紛紜紜：入り乱れて混乱すること。
曹劌：魯の荘公に仕えた軍師。生没年不詳。斉に攻め込まれた魯を守るため、斉の桓公に和議の誓約を行う席で桓公に刃物を突きつけ、奪われた土地を返すように脅しつけた逸話が有名。

そして三回目が鳴り終わった後で、魯軍は一回鳴らして突撃を命じて大勝利した。この理由が荘公にはわからない。そこで曹劌に尋ねると答えが返ってきた。

◇夫《そ》れ戦ひは勇気なり。一鼓気を作《な》し、再びして衰へ、三にして竭《つ》く。彼は竭き我は盈つ、故に之に克つ。（『春秋左氏伝』荘公十年）

――戦闘には勇気が第一。一度目の軍鼓で士気が上がった斉軍でしたが、私は応戦を控えました。二度目の軍鼓でも我が軍が動かないので敵の闘争心は弱まりました。そして敵は三度目の軍鼓を打ち鳴らしても我が軍が動かないので、戦闘意欲を失いました。その間隙をついて、我が軍は一回の軍鼓で攻め入りました。

斉軍は三鼓して勢いが尽き、我が魯軍は一鼓にして勢いが充満したのです。だから、我が軍は勝ったのです。

訳

これにより、敵軍の士気を奪い、敵将の心を乱すことができる。人間は、朝方は気力が充実し、昼頃衰えはじめ、夕方には尽きる。そこで、戦い慣れした将軍は、この気力の変化を使う。敵兵の気力が鋭いときを避け、気力がだらけ士気が落ちたところを撃つ。これが気を制する者であ

竭く：無くなる

る。

また、統制が万全な自軍が統制の乱れた敵を討ち、冷静な自軍が油断し浮かれている敵を討つ。これが兵の心理を制する者である。

さらに、戦場近くに先に布陣し、遠方から攻め入る敵を待ち受け、十分な休息のうえで疲れた敵を攻撃し、十分腹を満たしたうえで空腹の敵を攻撃する。これが戦力を制する者である。

そして、旗や幟《のぼり》を整然と掲げている敵には待ち受けて戦いを仕掛けたりせず、堂々たる陣立ての敵には拙速に挑まない。これが状況変化を制する者である。


故に三軍には気を奪うべく、将軍には心を奪うべし。是の故に朝の気は鋭《えい》、昼の気は惰《だ》、暮れの気は帰《き》。故に善く兵を用うる者は、其の鋭気を避けて其の惰帰を撃つ。此れ気を治むる者なり。治を以て乱を待ち、静を以て譁《か》を待つ。此れ心を治むる者なり。近きを以て遠きを待ち、佚《いっ》を以て労を待ち、飽《ほう》を以て饑《き》を待つ。此れ力を治むる者なり。正正の旗を邀《むか》うること無く、堂堂の陳《じん》を撃つこと勿《な》し。此れ変を治む

三軍：先鋒、本隊、後衛の態勢を取った軍隊。
譁：騒然としている様。
佚：しまりがないこと。
饑：空腹であること。
邀：待ち受けること。

る者なり。

【解説】

敵が不安定なときが攻撃の好機である。敵が準備万端であれば、不安定な戦闘状態に陥らせる戦術を取る。

本章句では「正正堂堂」という熟語の出典がある。「正正堂堂」の本義は、軍隊の陣容が整い勢いの盛んな様子である（現代の「公明正大で卑劣な手段を取らない様子」という意味とはかなり違う）。決して戦闘してはならない充実した敵軍の見た目を「正正堂堂」と呼ぶのである。このような軍には、謀略を巡らす将軍が中心におり、最後尾には精鋭が配備されているものであり、このような理想的な軍陣を「中権後勁《ちゅうけんこうけい》」とも呼ぶ。（『春秋左氏伝』宣公十二年）

第7章　軍争篇　［セルフ・チェック］

◇準備に時間をかけ、実行は即時行う場面にはどんなことがあるか。

中権後勁：戦略と陣容がともに整っていること。中権は軍師が戦略を立てることであり、後勁は後衛に強力な部隊が待機していること。

第8章

九 変 篇

さまざまに変化する戦況にどう対処するかを説く篇

カギになる言葉

- 将、九変の利を通ずる者は、用兵を知る
- 智者の慮は、必ず利害に雑《まじ》う
- 将に五危あり

1 戦時に避ける九つの原則

訳

孫子は言う。戦争には避けるべき九つの原則がある。
①高地に陣取った敵を攻めてはならない。
②丘を背にして攻めてくる敵を迎え撃ってはならない。
③険しい地形にいる敵と長く対峙してはならない。
④退却を装う敵を追ってはならない。
⑤士気が充実している敵兵を攻めてはならない。
⑥おとりの敵兵の誘いに乗ってはならない。
⑦本国に帰還する敵軍に立ちふさがってはならない。
⑧包囲した敵軍には必ず逃げ道を開けておく。
⑨窮地に立つ敵軍を追い詰めてはならない。
これが戦争の原則である。

孫子曰く、凡そ用兵の法は、高陵《こうりょう》には向かうこと勿《な》かれ、背丘《はいきゅう》には逆《むか》うること勿かれ、絶地には留まること勿かれ、佯北《しょうほく》には従うこと勿かれ、鋭卒《えいそつ》には攻むること勿かれ、餌兵《じへい》には食らうこと勿かれ、帰師《きし》には遏《とど》むること勿かれ、囲師には必ず闕《か》き、窮寇《きゅうこう》には迫《せま》ること勿かれ。
此れ用兵の法なり。

【解説】

九つの原則は禁忌事項であると同時に、この九つの裏をかけば、計略として使える。その事例が、前三四一年の「馬陵《ばりょう》の戦い」（128ページ参照）である。

魏の恵王が外征を開始し韓に攻め込んだ。韓は斉に救援を要請、斉の宣王は田《でん》忌《き》将軍と軍師・孫臏《そんぴん》による援軍を派遣する。

斉軍は前三五三年の「桂陵《けいりょう》の戦い」（虚実篇2参照）と同様に韓に向かうのではなく、魏の都、大梁《だいりょう》を目指して進軍する。魏の将軍龐涓《ほうけん》は、同じ轍は踏まぬと迅速に軍を取って返し魏国に侵攻する斉軍と対峙する。もちろん一三年前の教訓から、都の大梁には精鋭軍を残しており、斉軍を挟撃し撤退に追い込む。

挟撃されて斉軍は撤退をはじめるが、これは孫臏による偽装であった。

孫臏はここで戦術「減竈《げんそう》の計」を繰り出す。斉軍は、一日目は一〇万個の竈《かまど》を

高陵：高所。
背丘：坂上。
絶地：険しい地形。
佯北：敗れた振りをして逃げること。
鋭卒：精鋭の兵。
餌兵：おとりの兵。
帰師：退却する師卒。
囲師：囲まれた師卒。
窮寇：追い詰められること。
桂陵の戦い：軍師龐涓が指揮する魏軍が趙の邯鄲（現在の湖北省南部）を攻略し駐屯、趙は軍師孫臏と名将田忌のいる斉に応援を頼む。そこで斉軍は龐涓のいる邯鄲ではなく、魏の首都大梁を目指す。精鋭軍が邯鄲に集まり、大梁には老兵しかいなかったからだ。首都攻略を恐れた龐涓は急遽大梁に向かうが、あまりに急いだので兵士は疲弊し、魏軍は大敗を喫した。

作らせ撤退、二日目は五万個、三日目は三万個の竈を作らせ撤退していく。

龐涓は、この竈の減り方から既に半分以上の斉軍兵が脱走したと判断した。龐涓は敵を撃滅できる好機を逃すまいと、早く斉軍に追いつきたい一心で、全軍ではなく精鋭騎兵のみで昼夜兼行で追撃する。

そして四日目の夜半、馬陵の地（地形篇1の狭い地形に該当）に到着する。しかし、斉軍に追いついたはずなのに肝心の斉軍兵が一人もいない。すると木の下に板がぶらさげられており、何やら書かれている。松明《たいまつ》の火を掲げ読むと、

「龐涓この樹の下にて死せん」

この瞬間、龐涓は策略であることを悟るが、時すでに遅し。松明の火を合図に斉軍の伏兵から石弓で一斉射撃を浴びせられ、魏軍は同士討ちをするほどに大混乱に陥り大敗、龐涓は自害した。

2 戦時における五つの心得

訳

戦争において心得ておくべきことが五つある。
①道には、通ってはならない危険な道もある。
②敵軍には、攻撃してはならない敵軍もある。
③城には、攻めてはならない城もある。
④土地には、争奪してはならない土地もある。
⑤君命には、従ってはならない君命もある。

塗《みち》に由《よ》らざる所あり。軍に撃たざる所あり。城に攻めざる所あり。地に争わざる所あり。君命に受けざる所あり。

【解説】

大望を果たすには、緻密な計略を着実に進めること、そして最終目的が見えたときに改めて周囲を見渡し、抜かりがないか確認すること。これが大事だとの教えである。

3 九変と五利の真意を知る

訳
戦時に避ける九つの原則を知る将軍こそが、真に軍隊の使い方を熟知しているといえる。仮に、将軍がこれを知らなければ、たとえ戦場の地勢を知っていても、地の利を得ることはできない。
軍隊を統率するのに、この九つを知らないのでは、たとえ五つの心得に通じていても、兵を十分に用いることはできない。

故に将、九変の利に通ずる者は、用兵を知る。将、九変の利に通ぜざる者は、地形を知ると雖《いえど》も、地の利を得ること能《あた》わず。兵を治めて九変の術を知らざる者は、五利を知ると雖も、人の用を得ること能わず。

【解説】

兵士は「九変」と「五利」の状況を安易に自軍の好機として認識し奮い立ちやすい。だからこそ、将軍は「九変」と「五利」に隠された敵軍の策謀を推察したうえで、自軍の士気を制御して、兵士を利益を得る方向に行動させなければならない。それがまず、将軍の役割なのだ。

4 最善の判断基準

訳

こうしたことから、智者は必ず利害の両面を見比べて判断する。利益がある一方で害はないかと考えるので、最善の判断ができる。害のある一方で利点はないかと考えるので、不安は消える。

是の故に智者の慮は、必ず利害に雑《まじ》う。利に雑りて而《すなわ》ち務めは信《まこと》なるべきなり。害に雑りて而ち患《うれ》いは解くべきなり。

【解説】

物事は両面から見るべしとの教えだが、いくつか選択肢があるときに決断するには、道義、これは正しいことか否かという基準をしっかりともつことである。この道義に照らし合わせたときに、君主の命令が間違いであれば、それを正すのが将軍である。

5 諸侯との関係のあり方

訳

したがって、他国の諸侯を屈服させるにはわが国と敵対すれば害悪になることを強調し、諸侯を疲弊させるには魅力的な事業に取りかかるよう仕向け、諸侯を奔走させるには利益となることばかりを吹聴する。

是の故に諸侯を屈《くっ》する者は害を以てし、諸侯を役《えき》する者は業を以てし、諸侯を趨《はし》らす者は利を以てす。

【解説】

戦利に対する欲望の強さは、敵軍も同様である。これを逆手にとれば、敵軍を戦利によって操作できる。それには、利得を強調して、その裏に隠れる損害を意識させない策謀が重要となる。

これを「漁夫之利」（または「鷸蚌之争《いつぼうのあらそい》」）という四字熟語の出典となった故事に見てみよう。

中国戦国時代、趙国が燕国を攻めようとした。燕の昭王は武将の蘇代《そだい》を使者にし、攻撃を中止するように趙の恵文王に求めた。

趙国に赴き、恵文王に面会を許された蘇代は、
「鷸《しぎ》が蚌《はまぐり》を啄《ついば》もうとし、蚌が鷸のくちばしを挟んで争っているところに漁夫がやってきました。鷸と蚌は争いに夢中で漁夫が近づいてきたことに気づかず、漁夫は労なく鷸と蚌を獲ることができました」

という話を引き合いに出して、いま、趙国が燕国と戦争になれば好機とばかりに強国の秦国に両国とも滅亡させられてしまうと説得。戦争中止を決断させた。

（『戦国策』燕）

昭王：没落した燕国を再興した王。生年不詳、紀元前二七九年没。国家再興と敵国とした斉を倒すために富国強兵に尽力。有能な人材を広く集めるために、武将の郭隗に広い邸を与え厚遇したことで、郭隗程度の者が優遇されるのだから、それ以上の能力がある者はさらに優遇されるとして人材登用に成功した。「まずは隗より始めよ」の語源となった逸話である。

恵文王：趙国の第七代君主。紀元前三一〇年生、二六六年没。緊張関係にあった秦から、恵文王が保持する璧（希少な宝石）を一五の城と交換してほしいと要請される。秦との関係からいったんその要請を受け入れようとするが、家臣に命じて璧を取り返す。「完璧」の語源となった逸話。

6

妄想するなかれ

訳

よって戦争の原則は、敵が侵攻してこないことをあてにするのではなく、敵が来襲できない態勢を十分に備える。また、敵が攻撃してこないことをあてにするのではなく、敵が攻めたくても攻められない態勢を築く。

故に用兵の法は、其の来たらざるを恃《たの》むこと無く、吾れの以て待つ有ることを恃むなり。其の攻めざるを恃むこと無く、吾が攻むべからざる所あるを恃むなり。

【解説】

本章句は、主体性をもつことで、前章句における利益に振り回される敵軍のようにならない心がまえを説いている。この考え方の実践例が、日本における一二八一年（弘安四）の「弘安の役」である。

元（モンゴル帝国）の皇帝クビライは一二七四年（文永一一）の「文永の役」に続

弘安の役：弘安四年に起きた元寇。元が日本を属国にしようと意図した侵略戦争。激しい攻撃を仕掛ける元だったが、荒天により艦船が破壊され、撤退。

いて日本侵攻を企てていた。それを迎え撃つ日本の総大将は、鎌倉幕府の北条時宗である。圧倒的な戦力を有する元に比して日本軍は劣勢であった。時宗は悩み抜く。そのとき、禅師無学祖元《むがくそげん》が悟《さと》す。

「莫妄想《まくもうぞう》（妄想するなかれ）」

来襲しないことを期待しても、状況を悲観していても何も状況は好転しない。余計なことを考えず、いま為すべきことをやりなさい、ということだ。この言葉は時宗にとり、頂門の一針となる。日本を守り抜く覚悟を決めた時宗は、日本全国の御家人に協力を要請、海岸線に防御陣地を構築させ軍隊の配備を進めた。

一二八一年、元軍、旧南宋軍、高麗軍合わせて四千四百艘、一四万人という圧倒的な勢力で敵は日本に来襲。元軍の東路軍は志賀島《しかのしま》に上陸し、待ち構えていた日本軍と激戦を繰り広げる。想像以上の日本軍の守備力により、東路軍は一時撤退し江南軍と合流して総攻撃の機会を窺うことにする。そこに後世「神風」と呼ばれる大型台風が到来し、元軍は壊滅的な打撃を受け撤退した。

文永の役：文永一一年に元と高麗の連合軍が最来襲。このときも荒天により、日本は難を防ぐ。

北条時宗：鎌倉幕府第八代執権。一二五一年生、一二八一年没。

無学祖元：中国宋の禅僧。北条時宗に請われ、来日。建長寺を拠点とした後、円覚寺を開山、臨済宗の基礎を築いた。一二二六年生、一二八六年没。

7 リーダーの五危

訳

将軍が陥りやすい危難が五つある。
①必死になりすぎること。決死の覚悟に凝り固まり、前に進むことばかり考え、退くべきときがあることを知らなければ、殺される。
②生き延びることばかりを考えること。生き延びようと逃げ回っても捕虜にされるだけである。
③短気すぎること。短気な将軍は侮られると頭に血がのぼって冷静さを失い、敵の罠にはまってしまう。
④潔白すぎること。清廉潔白な将軍は、名誉を傷つけられると冷静な判断力を失い、敵の術中にはまってしまう。
⑤兵に温情をかけすぎること。兵を愛し思いやることは大切だが、度が過ぎると情に流され、心が煩わされてしまう。
これらの五つのことは、将軍が陥りやすい危難であり、戦いのうえで害

となる。軍隊が壊滅し、将軍が殺されるのは、必ずこの五つのいずれかがもととなる。十分に配慮する。

故に将に五危《ごき》あり。必死は殺され、必生は虜《とりこ》にされ、忿速《ふんそく》は侮られ、廉潔は辱《はずか》しめられ、愛民は煩《わずら》わさる。凡《およ》そ此の五つの者は将の過ちなり、用兵の災いなり。軍を覆《くつがえ》し将を殺すは、必ず五危を以てす。察せざるべからざるなり。

【解説】

リーダーに対する戒めの言葉である。孫子以外にも、同様のことを述べている格言がある。

◇仁を好みて学を好まざれば、其の蔽《へい》や愚。知を好みて学を好まざれば、其の蔽や蕩《とう》。信を好みて学を好まざれば、其の蔽や賊。直を好みて学を好まざれば、其の蔽や絞《こう》。勇を好みて学を好まざれば、其の蔽や亂。剛を好みて学を好まざれば、其の蔽や狂。（『論語』陽貨第十七）

忿速：短気で怒りっぽいこと。

――学問を疎かにする弊害。それは、仁徳ばかり気にすると、愚かになる。本質ばかり気にすると、軸ができない。信用されようと振舞うと、信頼を損なう。正直ばかりだと堅物と思われる。剛直さにこだわると非常識になる。

また、独眼竜として知られた伊達正宗公の『五常訓』にもこうある。

◇仁に過ぎれば弱くなる。義に過ぎれば固くなる。礼に過ぎれば諂《へつら》いとなる。智に過ぎれば嘘をつく。信に過ぎれば損をする。

――人を大切にし過ぎれば過保護になる。正義を振りかざし過ぎると杓子定規になる。礼儀正し過ぎれば相手に諂いになる。才気走ると嘘をつく。約束を守り過ぎれば損をする。

第8章　九変篇　［セルフ・チェック］

◇予期せぬ事態が起きたときに、心に余裕をもつ習慣が身についているか。

第9章

行軍篇

行軍中の地形の状況などに応じた宿営などの対応や敵情視察について述べた篇

カギになる言葉

- 兵は多きを益ありとするに非ざるなり
- 故にこれに合するに文を以てし、これを斉《ととの》うるに武を以てす
- 令、素《もと》より行なわれて、以て其の民を教うれば即ち民服す

1

行軍の要点

訳

孫子は言う。軍隊の駐留と敵情の観察とについて、次のように考える。

山越えは、谷沿いに進み、視界が開けた高みに陣取る。山を見下ろす態勢で戦い、高所にいる敵に対しては登って戦うようなことをしてはならない。これが山岳地帯で戦う場合の駐留の仕方である。

川を渡ったなら、必ずその川から遠ざかって戦う。敵が川を渡って攻めてきたら、川の中で敵を迎え撃つことをせずに、半数が渡りきったところで攻撃をするのが効果的である。こちら側が敵を攻める場合には、川べりで敵を迎え撃ってはならない。川岸では、視界が開けた高所に陣取り、川下にいて川上の敵を攻撃してはならない。これが河川地帯で戦う場合の駐留の仕方である。

湿地を渡るときには、早く通り過ぎ、止まってはならない。やむを得ず湿地帯で戦わなければならなくなったときには、必ず飲料水と牛馬用飼料

の草がある場所を軍の拠点とし、木々を背にして陣立てをしなければならない。これが湿地帯で戦う場合の駐留の仕方である。

平地では、足場の良いなだらかなところで、右手背後に高地がある場所に布陣する。戦いにくい地形を前にして、高みを後ろにするのがよい。これが平地で戦う場合の駐留の仕方である。

以上が、四つの地形に応じた軍隊の駐留の仕方である。昔、黄帝が四人の帝王に打ち勝つことができたのも、この布陣の仕方を熟知していたからである（＊）。

孫子曰く、凡《およ》そ軍を処《お》き敵を相《み》ること。山を絶つには谷に依《よ》り、生を視て高きに処《お》り、隆《たか》きに戦いては登ること無かれ。此れ山に処るの軍なり。水を絶てば必ず水に遠ざかり、客、水を絶ちて来たらば、これを水の内に迎うる勿《な》く、半ば済《わた》らしめてこれを撃つは利あり。戦わんと欲する者は、水に附きて客を迎うること無かれ。生を視て高きに処り、水流を迎うること無かれ。此れ水上に処るの軍なり。斥沢《せきたく》を絶つには、惟《た》だ亟《すみや》かに去って留まること無かれ。若《も》し軍を斥沢の中に交う

＊『史記』によれば、伝説上、中国には五人の聖王がおり、その筆頭が黄帝であった。黄帝が他の帝を平定し、紀元前二五〇〇年頃の「阪泉《はんせん》の戦い」で最後の強敵である炎帝《えんてい》と三度にわたり激突、勝利を収める。そして天下を治め、文明を創ったとされている。なお、黄帝の玄孫にあたる禹《う》が、黄河の治水事業を成功させて王に即位、中国初の王朝である夏王朝を建国したとされる。

斥沢：湖沼などの湿地帯。

れば、必ず水草に依りて衆樹を背《はい》にせよ。此れ斥沢に処るの軍なり。平陸《へいりく》には易《やす》きに処りて而《しか》して高きを右背《ゆうはい》にし、死を前にして生を後ろにせよ。此れ平陸に処るの軍なり。凡そ此の四軍の利は、黄帝の四帝に勝ちし所以なり。

【解説】

地の利を考慮した原則を意識しつつも、敵軍の進行方向や自軍・敵軍の勢力如何で臨機応変に対処しなければならないことを忘れてはならない。その判断を誤ったのが前六三八年の「泓水《おうすい》の戦い」である。

宋国の襄公《じょうこう》の覇者たらんとする尊大な振る舞いに対して、楚国の成王《せいおう》が立ち上がり、宋国内の泓水という河川で対決する。

楚軍が渡河してきたとき、宋国の宰相目夷《もくい》は襄公に対して攻撃を進言するも却下される。楚軍が泓水を渡り終えて陣構えもできていないとき、再度進言するも「敵の隙に乗じて攻撃するは君子に非ず」と再度却下されてしまう。

楚軍が陣形を整えて両軍が対決、数で圧倒的に劣勢であった宋軍は大敗し、宋は楚への臣従を余儀なくされることになる。無用の哀れみをかけて、ひどい目に遭うことのたとえ「宋襄の仁」の出典となった故事である。

黄帝：伝説上の中国を最初に統一した皇帝。

泓水の戦い：宋国と楚国との泓水（現在の河南省柘城）での合戦。楚の勝利により、宋は楚に支配されることになった。諸侯の盟主の襄公を国力では宋を上回る楚の成王が拉致（後に解放）したことに怒った宋が、楚に戦いを仕掛けたことによる戦い。

2

兵への配慮

訳

軍隊を駐留させるには、低地より高地がよく、日当たりの悪いところは避け、良いところを選ぶ。こうして兵の英気を養い、気力を充実させることができれば、必勝の軍となる。丘陵や堤防に軍を駐留させるには、必ず日当たりの良い東南を選び、右手背後に兵陵や堤防があるよう布陣する。これなら軍隊を動かすのにも有利で、地形にも助けられる。

凡《およ》そ軍は高きを好みて下《ひく》きを悪《にく》み、陽《よう》を貴びて陰《いん》を賎《いや》しみ、生を養いて実に処《お》り。是れを必勝と謂い、軍に百疾《ひゃくしつ》なし。丘陵隄防《ていぼう》には、必ず其の陽に処りて而してこれを右背《ゆうはい》にす。此れ兵の利、地の助けなり。

【解説】

兵士の健康管理が勝敗を左右した戦いの実例が、第二次世界大戦の北アフリカ戦線である。ドイツ軍は排泄物の処理が不衛生であったため、疫病が蔓延し、ロ

百疾：多くの疾病。

ンメル元帥をはじめ多数の将兵が病気になり、大幅に戦力が低下した。
一方、英軍は、戦局打開のために派遣されたモンゴメリー将軍は赴任早々に排泄物の処理（現在の簡易トイレのようなものを開発）を改善した。これにより兵士の疫病が減り、英軍の戦力はドイツ軍と比べ減じなかったと言われている。

3 渡河するときの注意

訳 **雨で上流の水嵩が増していれば、流れの勢いが収まるまで渡河を待つ。**

上に雨ふりて水沫《すいまつ》至らば、渉《わた》らんと欲する者は、其の定まるを待て。

【解説】
ここでは、目に見える現実だけで判断することの危険を述べている。その現実からその背後に隠れていること、将来を起こることを推察したうえで判断しなければならないことを教えている。

4 危険な地形

訳

行軍中に、次のような地形があれば、速やかに立ち去り、決して近づいてはならない。

①険しい絶壁に囲まれた谷間。
②四方が切り立った深い窪地。
③三面が囲まれ、残る一方にだけ道があるような地形。
④草木が生い茂り、身動きがとれなくなる網の目のような地形。
⑤落ちたら出ることができない陥没した沼地。
⑥両側が狭まった切り通しのある地形。

このような地勢は、早く遠ざかる。逆に、敵にはそこに近づくように仕向ける。そこに向かって敵を追い詰めるのである。

凡《およ》そ地に絶澗《ぜっかん》、天井《てんせい》、天牢《てんろう》、天羅《てんら》、天陥《てんかん》、天隙《てんげき》あらば、必ず亟《すみや》かにこ

絶澗：山深くにある急流の谷間で、大地が裂けたようにみえる地形。
天井：四方が高地の断崖で囲まれ中央だけ低地になっているすり鉢状の地形。
天牢：山地の奥深くで周囲の山林が巨大な籠のように覆いかぶさっている地形。
天羅：道に迷い易く、堂堂巡りに陥りやすい地形。
天陥：平地が急に落ち込み切り立った断崖絶壁の地形。
天隙：両側に高山の尾根が迫り道幅が狭い地形。

れを去りて近づくこと勿《な》かれ。吾れはこれに遠ざかり敵にはこれに近づかしめ、吾れはこれを迎え敵にはこれに背《はい》せしめよ。

【解説】
本章句からの学びは、危険な場所から離れる、という危機回避である。
逆にこうした地形を要害として敵をおびき寄せることができれば、味方にとっては格好の地勢となる。

5 伏兵の潜む場所

訳

行軍中に、険しい地形、池や窪地、葦原、山林、草むらなどがあれば、必ず慎重に調べる。こうした場所には、敵の伏兵や偵察隊がひそんでいるからである。

軍の旁《かたわら》に険阻《けんそ》、溝井《こうせい》、葭葦《かい》、山林、翳薈《えいわい》ある者は、必ず謹しんでこれ

険阻：険しい地勢。

を覆索《ふくさく》せよ、此れ伏姦《ふくかん》の処る所なり。

【解説】
前章句に続き、特殊な地形における戦術について述べている。前章句は敵軍と自軍の双方にとり不利であるが、本章句の地勢は事前に到着した軍にのみ有利に働く。

6 異変に気づく

訳
敵が近くにいながら静まりかえっているのは、険しい地形の利を得たとしているからだ。敵が遠くから挑発するのは、おびき寄せの策である。敵が平坦な地で構えるのは、有利な場所だとしているからある。
多くの木々がざわめき動くのは、敵が攻めてきている印である。至る所に草が覆いかぶさっているのは、伏兵が潜むと見せかけているからである。

溝井：溜池やくぼ地。
葭葦：あしやよしの水草。
翳薈：鬱蒼と茂った草木。
覆索：徹底的に調べること。
伏姦：敵の伏兵。

鳥が不意に飛び立つのは、伏兵が潜んでいる証拠である。獣が驚いて走りだすのは、敵が奇襲を仕掛けてきているからである。土埃が高く立ち上っているのは、敵の戦車が攻めてきているからである。土埃が低く広がっているのは、敵の歩兵部隊が攻めてきているからである。土埃が各所から上っているのは、敵兵が薪を集めているからである。土埃があちこちに動きながら立ち上っているのは、敵軍が設営準備をしているからである。

敵近くして静かなる者は、其の険を恃《たの》むなり。敵遠くして戦いを挑む者は、人の進むを欲するなり。其の居る所の易《い》なる者は利するなり。衆樹の動く者は来たるなり。衆草の障《おおい》多き者は疑《ぎ》なり。鳥の起《た》つ者は伏《ふく》なり。獣の駭《おどろ》く者は覆《ふく》なり。塵高くして鋭き者は車の来たるなり。卑《ひく》くして広きは徒の来たるなり。散じて条達《じょうたつ》する者は樵採《しょうさい》なり。少なくして往来する者は軍を営むなり。

【解説】

異変を察知する能力は、生来身につくものではなく、経験から生じるものだ。

場数を踏んだり、何度も同じ作業を繰り返すうちに感覚的に身についていく。ビジネスでも事業収支の数値の異変に気づいたりするのは、そうしたデータを常日頃からよく確認しているからである。

場数を踏むことは、リスク管理能力を高めることにも繋がるのだ。

7 敵の戦争の兆候

訳

敵の使節が謙《へりくだ》りながらも防備を強化するのは、進撃の準備をしているからだ。敵の使節が威圧的な態度で進撃の構えでいるのは、退却の準備をしているからだ。軽戦車を前線に並べ、その傍らに兵を従えているのは陣立てをしているからだ。行き詰まってもいないのに、敵が和睦を申し出るのは陰謀があるからだ。敵が奔走しながら兵を整列させているのは、決戦の準備をしているからだ。敵の部隊が半進半退するのは、こちらを誘い出そうと企んでいるからだ。

辞《ことば》の卑《ひく》くして備えを益す者は進むなり。辞の彊《つよ》くして進駆《しんく》する者は退くなり。軽車の先ず出でて其の側《かたわら》に居る者は陳《じん》するなり。約なくして和を請う者は謀なり。奔走して兵を陳《つら》ぬる者は期するなり。半進半退する者は誘うなり。

【解説】

相手の態度が卑屈である裏には必ず魂胆がある。越王勾践《こうせん》の命乞いでそれを見てみよう。

呉王夫差《ふさ》は、賢人である将軍伍子胥《ごししょ》の補佐を得て呉国を建て直し、越国を会稽《かいけい》（中国の浙江省にある山）で滅亡寸前までに追い詰めた。

越王勾践は軍師范蠡《はんれい》の進言に従い、会稽山で屈辱に満ちた講和を結ぶ。しかし伍子胥は勾践を即刻処分すべきと猛反対する。

卑屈に恭順の態度を示す勾践に対して呉王夫差はリーダーとしてではなく一人の男としてライバルに勝った優越感、そして積年の恨みを果たせた満足感を感じてしまう。夫差は伍子胥の諫言を聞き入れず、勾践を死罪にせず、夫差の奴隷として働かせることとし、勾践に屈辱感を味わわせ二度と対抗できぬようにと考えた（これを越王勾践にとっての「会稽の恥」と言われるものである）。

勾践：春秋五覇の一人。生年不詳、前四六五年没。父允常の死後、越王に即位したが、呉に攻め込まれるものの、軍師范蠡の奇策により呉を撃破、この戦での怪我がもとで呉王闔閭は没する。

夫差：呉の最後の王。生年不詳、没年前四七三年。父闔閭を越王勾践に討たれ、その恨みを忘れぬよう、薪の上で寝たとされる。「臥薪嘗胆」の語源。

伍子胥：呉王闔閭に仕えた軍師。父と兄を出自である楚の平王に謀殺され

やがて范蠡の工作が奏功し、勾践は数年後に帰国でき、また諫言をした伍子胥を死罪となるように差し向け排除することに成功したのである。

越王勾践は「会稽の恥」を忘れぬようにと、部屋に苦い熊の肝を吊るして毎日のようにそれ舐め、その苦みで呉に対する復讐を誓い続けた。「(臥薪)嘗胆」(熊の肝を舐めて屈辱に耐え、思いを遂げる)という故事の出所である。

8 敵の情勢

訳
敵兵が杖に寄りかかっているのは、飢えて弱っているからである。敵兵が水を汲むそばから飲みだすのは、水不足が深刻だからである。敵が自分たちに有利と知りながら進撃しないのは、兵が疲弊しているからである。鳥が多くとまる兵舎は、敵兵がいないからである。敵陣から夜に呼びかけ合う声が聞こえるのは、敵兵が怯えているからである。敵の陣営が騒がしいのは、敵将に威厳がないからである。敵陣の旗が揺れ動いているのは、

た恨みをもち、呉が楚を打ち破った柏挙の戦いののち、既に棺に埋葬された平王の墓を暴き、鞭を打つ。「死者に鞭打つ」の語源。
范蠡：越王勾践に仕えて、呉国を攻略する。浮かれる勾践を見て、いずれ災いが身に降りかかると悟り、越を抜け出して斉で商人となり大成功を収めたとされる。

陣営が乱れているからである。敵の軍吏が兵を叱りつけているのは、敵兵が戦いに倦んでいる証拠である。馬に兵糧米を与え、兵が肉を食べ、炊事道具を壊し、兵が陣営に戻らないのは、敵が完全に追い詰められているからである。

杖つきて立つ者は飢うるなり。汲みて先ず飲む者は渇《かっ》するなり。利を見て進まざる者は労《つか》るるなり。鳥の集まる者は虚《むな》しきなり。夜呼ぶ者は恐るるなり。軍の擾《みだ》るる者は将の重からざるなり。旌旗の動く者は乱るるなり。吏《り》の怒る者は倦《う》みたるなり。馬を粟《ぞく》して肉食し、軍に懸缻《けんふ》なくして其の舎に返らざる者は窮寇《きゅうこう》なり。

【解説】

中国史上最大の戦争である西暦三八三年の「淝水《ひすい》の戦い」において東晋軍との戦いに敗れた苻堅《ふけん》将軍率いる前秦軍の兵士は、風の音や鶴の鳴き声を聞いただけで敵の襲撃と思い、慌てふためき逃走したという。

逆に、この兆候を見逃さず、勝算ありと判断した実例が、前五七五年の「鄢《えん》陵《りょう》の戦い」である。前五七九年、戦争に明け暮れていた大国の晋国と楚国は大

懸缻：炊事道具。
窮寇：追い詰められること。

陸における平和と秩序のために不戦条約を締結する。しかし、前五七六年、楚国が条約を破棄し鄭国・衛国に侵攻する。そこで晋国は楚国の暴走を止めるべく挙兵し、鄢陵の地で楚軍と対峙する。

その際、晋軍の副将は、機先を制して布陣し、優勢である楚軍を注意深く観察・調査する。すると楚軍に六つの兆候を認識し勝算ありと判断、怯むことなく攻撃を開始し撃破した。その六つとは、①大臣同士の仲違い、②老兵ばかり、③敵の同盟国の軍争不備、④周辺民族の協力不備、⑤不吉な日の布陣、⑥陣中が喧噪兆候。これらの兆候から、楚軍は内部崩壊しており、いま攻めれば必ず勝つと判断したのである。

訳

敵将が部下に対して控え目な話し方をするのは、将としての信頼を失っているからである。部下に報奨し始めるのは、将としての振る舞い方がわからず悩んでいるからである。部下を罰し始めるのは、統率することに疲れているからである。敵将が始めは部下に粗暴にありながら、あとになってご機嫌伺いをするのは、部下の扱い方に迷いがあるからである。

敵軍が使者に贈り物を携えて謝意を表すのは、休戦を装って兵を休ませ

るためである。
敵軍がいきり立ち敵対するのに戦いを仕掛けてこないのは、何か計略があるからであり、動向をよく注視しておくことだ。

諄諄《じゅんじゅん》翕翕《きゅうきゅう》として徐《おもむろ》に人と言《かた》る者は、衆を失うなり。数《しばしば》賞する者は、窘《くる》しむなり。数罰するは、困《つか》るるなり。先きに暴にして後に其の衆を畏《おそ》るる者は、不精の至りなり。来たりて委謝する者は、休息を欲するなり。兵怒りて相い迎え、久しくして合わず、又解き去らざるは、必ず謹しみてこれを察せよ。

【解説】

ここで孫子は、組織のリーダーとしての弱体の兆候を述べている。また、相手（敵）が謙《へりくだ》ってきたときの敵情の測り方を教示している。

諄諄翕翕：諄はじっくりと諭すこと、翕は集めるということ。

9

兵士のマネジメント

訳

兵士の数が多ければ、勝利できるとは限らない。兵が無謀にならぬよう指揮し、戦力を集中させ、敵情視察をよく行えば、寡兵であっても勝算は立てられる。そうした思慮なく敵を侮れば、捕虜となることであろう。兵が将軍に心を許す前に懲罰を行えば、兵の心は離れていく。心が離れては命令に従わない。また将軍が既に信頼を得ているのに、兵が間違いを起こしても正さなければ、兵を思うように動かせない。

兵は多きを益ありとするに非《あら》ざるなり。惟《た》だ武進《ぶしん》すること無く、力を併わせて敵を料《はか》らば、以て人を取るに足らんのみ。夫れ惟だ慮《おもんぱか》り無くして敵を易《あなど》る者は、必ず人に擒《とりこ》にせらる。卒未だ親附《しんぷ》せざるに而《しか》もこれを罰すれば、則ち服せず。服せざれば則ち用い難きなり。卒已《すで》に親附せるに而も罰行なわれざれば、則ち用うべからざるなり。

武進：なりふり構わず戦うこと。

【解説】

「人はいても人は無し」という格言があるように、組織は人員が多ければよいというものではない。

小勢が大勢に勝利した実例は、日本では一五六〇年の「桶狭間の戦い」が挙げられる。二万五千といわれる大軍を率いて尾張に侵攻した駿河の戦国大名である今川義元、氏真親子に対し、尾張の大名織田信長が約三千の精鋭部隊で本陣を強襲し、義元を討ち取って今川軍を退却させた。

現代の考証では、奇襲時、今川家本陣には全軍ではなく五千名程度の戦力であり、織田軍に比べて二倍弱であったとされる。とはいえ東海道に君臨する今川家本陣に突入することは一歩間違えれば、分散している今川軍が救援に駆け付け挟撃されるという無謀な賭けであった。それでも、通常の戦闘では劣勢となるため奇襲せざるを得なかったのである。

古代中国においては、前一〇四六年の「牧野《ぼくや》の戦い」がある。紂王《ちゅうおう》の悪逆非道の政治に我慢できず、紂王の三家臣の一人西伯昌《せいはくしょう》の子、姫発《きはつ》（後の周王朝の武王）が紂王討伐のために挙兵し、牧野で激突した。姫発軍五万に対して紂王が差し向けた殷軍は七〇万と十倍以上の圧倒的戦力だった。

西伯昌：周王朝の始祖である文王のこと。前一一五二～前一〇五六年。聖人（名君）として伝わる。

姫発：文王の次子。前一〇二一年没。暴君紂王が治めていた殷を滅ぼす。

数の上では絶対的に不利であった姫発軍であったが、殷軍の兵士は紂王の非道な政治に辟易し既に心が離れていたため、姫発軍が迫ってくると戦おうともせず、武器を逆さまにもち、姫発軍に道を開くありさまであった。
結局、戦闘らしい戦闘もなく殷軍七〇万人は総崩れとなり、殷王朝は滅亡した。

訳

したがって、兵士の心をつかむには穏やかさが大事であり、統率するには荒々しさが大事である。必勝の軍の基本原則である。
平素より軍令が徹底されれば兵は服従する。軍令が徹底されなければ兵は命令に従うことはない。平素から軍令がよく守られる軍は兵の忠誠度が高まるものである。

故にこれに合するに文を以てし、これを斉《ととの》うるに武を以てす、是れを必取《ひっしゅ》と謂う。令、素《もと》より行なわれて、以て其の民を教うれば則ち民服す。令、素より行なわれずして、以て其の民を教うれば則ち民服せず。令の素より信なる者は、衆と相い得るなり。

必取：必ず勝利すること。

【解説】

「武」という文字は、「戈《ホコ》」と「止」を合わせた字であり、原義は戦争や騒乱を止めさせるということである。規律のない集団は烏合の衆であり、敵軍が士気を高めて挑んできたら、ひとたまりもない。

◇師は出だすに律を以てす（『春秋左氏伝』宣公十二年）

――軍隊は規律に従って動かすべきものである。（その方法を誤り、規律に反するようになれば、その軍は統制できない。）

第9章　行軍篇　［セルフ・チェック］

◇組織が目標に向かって行動するとき、守るべき規律とは何か。

第10章

地形篇

戦場としての地形を六種に分け、それぞれどのような戦い方があるかを述べた篇

カギになる言葉

- 夫《そ》れ地形は兵の助けなり
- 敵を料《はか》って勝ちを制し、険夷・遠近を計るは、上将の道なり
- 進んで名を求めず、退いて罪を避けず、惟《た》だ民を是れ保ちて而して利の主に合うは、国の宝なり
- 卒を視ること嬰児の如し
- 譬えが傲子《きょうし》の若《ごと》く、用うべからざるなり
- 彼れを知りて己れを知れば、勝、乃《すなわ》ち殆《あや》うからず

1

地形の変化による行動原則

訳

孫子は言う。戦争で地の利を得るために、土地形状の熟知が肝要である。地形には、四方に通じ開けた地、障害のある地、枝道に分かれた地、狭い地、険しい地、遠く隔たった地の六つがある。

四方に通じ開けた地形は、味方が行くこともできるが、敵も来ることができる。ここでは、敵よりも先に高地の日当たりの良い場所に陣取り、兵糧補給の道を確保して戦えば有利である。

障害のある地形は、敵味方共に行くのは容易だが、引き返すのが難しい。ここでは、敵に備えがないときに先んじて攻撃すれば勝てるが、敵に備えがあれば攻撃するべきではない。退却が難しいから不利になる。

枝道に分かれた地形は、敵にも味方にも不利である。敵がおびきよせてきても、出ていってはならない。軍をいったん退却させ、敵を誘い出したうえで攻撃するのが有利である。

狭い地形では、味方が先にその場所を占拠したならば、隘路に兵を集め、敵を待ち伏せする。敵が先にそこを占拠し、隘路にいれば、退却する。敵兵が隘路にいなければ攻撃する。

険しい地形では、先に占拠した側が有利である。味方が先にそこを占めたならば、必ず高地の日当たりの良い場所に陣取り、敵を待つ。もし敵が先にそこを占拠したならば、軍を引いて立ち去る。

両軍の陣営が遠く隔たった地形では、敵味方の兵力が等しければ、攻撃を仕掛けるのが難しく、戦ったところで不利である。

これら六つは、地の利を得るために知る道理である。これを見極めることは将軍の最も重大な責務であり、十分に考察すべきことである。

孫子曰く、地形には、通なる者あり、挂《さまた》ぐる者あり、支《わか》るる者あり、隘《せま》き者あり、険《けん》なる者あり、遠き者あり。我れ以《もっ》て往くべく彼れ以て来たるべきは、曰《すなわ》ち通ずるなり。通なる形《けい》には、先ず高陽《こうよう》に居り、糧《りょう》道《どう》を利して以て戦えば、則ち利あり。以て往くべきも以て返り難きは、曰ち挂ぐるなり。挂ぐる形には、敵に備え無ければ出でてこれに勝ち、

挂：とどまる。滞る。

敵若《も》し備え有れば出でて勝たず、以て返り難くして不利なり。我れ出でて不利、彼れも出でて不利なるは、曰く支るるなり。支るる形には、敵我れを利すと雖《いえど》も、我れ出ずること無かれ。引きてこれを去り、敵をして半ば出でしめてこれを撃つは利なり。隘《せま》き形には、我れ先ずこれに居らば、必ずこれを盈《み》たして以て敵を待つ。若し敵先ずこれに居り、盈つれば而《すなわ》ち従うこと勿《な》かれ、盈たざれば而ちこれに従え。険なる形には、我れ先ずこれに居らば、必ず高陽に居りて以て敵を待つ。若し敵先ずこれに居れば、引きてこれを去りて従うこと勿かれ。遠なる形には、勢い均しければ以て戦いを挑み難く、戦えば而ち不利なり。凡そ此の六者は地の道なり。将の至任《しにん》にして察せざるべからざるなり。

【解説】

当時の兵法においては、有利な地形を先に確保することが、将軍に課せられた重要な役割であった。これは、現代ビジネスにも通用する。商品サービスは顧客起点にビジネスは展開されるのだから、顧客が商品サービスと出会うチャネル全体を責任者が熟知していなければ、ビジネスは回らない。いわば、現場主義の重要性ということである。

至任：重要な任務。

2

組織崩壊の六つの危機

訳

軍隊には六つの危機がある。①逃亡する、②弛《ゆる》む、③落ち込む、④崩れる、⑤乱れる、⑥逃げ惑うの六つである。これらは自然の災厄によるのではなく、将軍の資質が引き起こす。

兵が逃亡するのは、敵味方の兵力が等しいのに、味方の一の軍隊で、その十倍もの敵軍と戦わせる場合に起こる。

軍が弛むのは、兵が強気の一方、軍の幹部が弱気の場合に起こる。

士気が落ち込むのは、幹部は強気だが、兵が弱気の場合に起こる。

軍が崩れるのは、将軍が幹部の能力を認めないため、彼らが不満や怨み心を抱き、それゆえ将軍の命令に従わずに自分勝手な戦いをする場合に起こる。

軍が乱れるのは、将軍が弱気で厳しさに欠き、軍全体の指揮系統も不明瞭で、軍幹部や兵士の統率がばらばらで陣形が乱れている場合に起こる。

軍が逃げ惑うのは、将軍が敵情を正確に掴めぬままに少勢で大勢の敵軍と対戦し、弱い兵力で強敵と戦い、しかも先鋒となる精鋭部隊もいない場合に起こる。

これら六つは、敗北に至る道理である。こうならずにするのが将軍の最も重大な責務であり、十分に考えるべきことである。

故に、兵には、走る者あり、弛《ゆる》む者あり、陥《おちい》る者あり、崩《くず》るる者あり、乱るる者あり、北《に》ぐる者あり。凡そ此の六者は天地の災いに非ず、将の過ちなり。夫れ勢い均しきとき、一を以て十を撃つは曰《すなわ》ち走るなり。卒の強くして吏の弱きは曰ち弛むなり。吏の強くして卒の弱きは曰ち陥るなり。大吏怒りて服せず、敵に遇《あ》えば懟《うら》みて自ら戦い、将は其の能を知らざるは曰ち崩るるなり。将の弱くして厳ならず、教道も明らかならずして、吏卒は常なく、兵を陳《つら》ぬること縦横《しょうおう》なるは曰ち乱るるなり。将、敵を料《はか》ること能わず、小を以て衆に合い、弱を以て強を撃ち、兵に選鋒《せんぽう》なきは曰ち北ぐるなり。凡そ此の六者は敗の道なり。将の至任《しにん》にして、察せざるべからざるなり。

北：逃げる。敗れる。そむく。

吏：軍に帯同する役人。
教道：指揮命令の方法。
選鋒：先鋒の精鋭。

【解説】

これを現代の組織に当てはめて見てみることにしよう。

①勝敗は明らかであり、どんなにリーダーが鼓舞しようとも勝てる気が全くしない。報われない苦労をして不快な思いをするのなら、転職を考える。

②経営幹部や管理職の人心掌握力が欠如しており、罰則の適用もされていないため、組織が緩みきって社員から嘗められて自壊する状態。

③上司が部下のやることなすことにダメ出しを連発し、自主性のかけらもなく、上司に不満を言えば高圧的態度で一蹴される。やりがいの消えた、事なかれ主義が蔓延した組織となり、自滅していく。

④トップの信賞必罰が適切に行われないために、幹部が信服しないどころか反発している組織である。幹部は暴走しだして、反乱を起こす。

⑤組織の体を為しておらず、何一つ成果を挙げることが叶わぬ状態である。トップが交代するしか手段はない。

⑥蛮勇のトップであり、掛け声と気合は充実しているが空回りをして、部下はそんなリーダーを冷淡に眺めているだけの組織である。連戦連敗である。リーダーとしての戒めと受け止めるべきだろう。

3 敵情を知り、戦いに臨む

訳

地形は戦いを助ける。敵の兵力や状況を見極め勝算を立て、戦地の険しさや平坦さ、遠いか近いかなどを熟考して戦いに臨む。これを行う者は必勝、知らぬ者は必敗。

これにより勝算が得られれば、主君が戦うなと命じても戦う。勝算が立たなければ、主君が戦えと命じても戦うべきではない。敵に打ち勝っても功名を求めず、敵に破れ敗退しても罰を恐れず、ただ一途に民を大切にし、主君の利益をはかる将軍は、国家の宝である。

夫《そ》れ地形は兵の助けなり。敵を料《はか》って勝ちを制し、険夷《けんい》・遠近を計るは、上将の道なり。此れを知りて戦いを用《おこ》なう者は必ず勝ち、此れを知らずして戦いを用《おこ》なう者は必ず敗る。故に戦道《せんどう》必ず勝たば、主は戦う無かれと曰《い》うとも必ず戦いて可なり。戦道勝たずんば、主は必ず戦えと曰うとも戦う無くして可なり。故に進んで名を求めず、退いて罪を避けず、惟《た》だ民を是れ保ちて而《しか》して利の主に合うは、国の宝なり。

【解説】

「利の主に合う」の利は、国家の利益つまり民衆の利益のことであり、それを目的とすれば国家は団結して事にあたることができる。しかし、君主の利益拡大のための戦争であれば必ず失敗する。

◇**衆怒《しゅうど》は犯し難く、専欲《せんよく》は成り難し。**（『春秋左氏伝』襄公十年）

――民衆の怒りを買うと弁明などしても無駄だ。自分だけの欲を満たそうとすれば、誰も協力せず成功するものではない。

君主が開戦に踏み切る理由には大きく四つある。大義（悪政国家の討伐や同盟国の支援等）、国家利益、君主自身の利益、君主の憤怒の解消である。

君主の利益と感情のために多大な犠牲を払い民衆を苦しめる戦争に踏み切れば、古今東西の国家滅亡の歴史のとおり、短期的な統治はできても長期的には必ず国家は崩壊する。

◇用兵攻戦の本は、民を壱《いっ》にするに在り。（『荀子』議兵篇）

――戦いの基本は、まず民の心を一つにすることである。（民の心がまとまらなければ、いかに軍備が整い戦略にぬかりがなくても、戦いには勝てない。）

4 兵を我が子と思う

訳

将軍が兵を赤子のように思いやれば、兵は危険な深い谷底であろうと将軍についていく。将軍が兵をわが子のように慈しめば、兵は将軍と生死をともにする。

しかし、兵を厚遇するだけで仕事をさせることができず、慈しむだけで命令できず、軍律を乱しても止めることもできないのでは、将軍が兵をわがままな子にするだけで、戦いには役立たない。

卒を視ること嬰児の如し、故にこれと深谿《しんけい》に赴くべし。卒を視ること

深谿：深い谷底。
卒：歩兵。

愛子《あいし》の如し、故にこれと倶《とも》に死すべし。厚くして使うこと能《あた》わず、愛して令すること能わず、乱れて治むること能わざれば、譬えば驕子《きょうし》の若《ごと》く、用うべからざるなり。

【解説】

個が尊重される現代では組織内の絆は微妙に揺れている。そうした時代の紐帯となるのが、リーダーの人間性と仕事力ではないだろうか。

部下が主君を守るために、捨て石となった実例が一六〇〇年の「関ヶ原の戦い」での島津軍の戦術である。

東軍優勢の中、島津義弘率いる島津隊千六百人余は周囲を東軍にほぼ包囲され絶体絶命、死地に陥る。ここで義弘は二つの無謀な戦術を繰り出す。

まず行ったのが、敵中突破のための「刳《く》り抜きの陣法」である。これは一本の錐のように隊伍を固めてひたすら一定の速度で包囲する敵陣の中を進む戦法である。正面に来る敵をひたすら撃破し続けるため、敵軍にも損害を与えるが自軍の損害も甚大である。

これにより関ヶ原を脱出した後、退却路において繰り出したのが「捨て奸《がまり》」という戦術である。数十名の兵が捨て石となり、大将の義弘ら主力を守り抜き脱出

驕子：わがままな子ども。

させる方法である。別名、「座禅陣」とも呼ばれる。本隊が撤退時、殿の兵の中から小部隊をその場に留まらせ追撃する敵軍に対して戦い続けて足止めにする。その小部隊が全滅するとまた新しい足止め隊を退路に残し、これを繰り返して時間稼ぎをしている間に本隊を逃げ切らせるという必死の戦法であり、足止め隊は追撃してくる大軍を相手にするため生還できる可能性は全くない。

この二つの戦術により、ほとんどの味方の兵士を失い、わずか八〇余名となったものの、義弘は家臣と奇跡的に薩摩に逃げ帰ることができた。

これが奏功したのは、武士時代特有の主君への忠義があったからだ。主君と臣下の絆は家族よりも強かったからこそだが、義弘の人間性に拠る所も大きい。

その後日譚。東軍大将徳川家康は、島津の勇猛果敢さに感服し他の西国大名に対する改易などの厳罰ではなく、わずかな処分で済ませたのである。

5

勝利の方程式

訳

自軍が敵を撃破する力があると知っていても、敵が自軍の力をもってしても撃破できない態勢にあることを知らなければ、勝算は半分である。敵を攻撃する状況だとわかっていても、自軍がまだ十分に準備できていないことがわかっていないと、勝算は五分五分である。敵軍を撃破する自信があり、味方の兵に敵を攻撃する実力があることがわかっていても、地勢を考慮せずに戦えば、必ず勝つとは限らない。

それゆえ、戦い方をよく知る者は、敵、味方、地勢を見て軍を動かすため、繰り出す戦略戦術に迷いはなく、挙兵しても窮地に陥ることがない。そこで、「敵を知り味方を知れば、危うげなく勝つ。地勢と天候を読んで戦えば、必ず勝つ」と言われるのである。

吾が卒の以《もっ》て撃つべきを知るも、而《しか》も敵の撃つべからざるを知らざるは、勝の半ばなり。敵の撃つべきを知るも、而も吾が卒の以て撃つべからざるを知らざるは、勝の半ばなり。敵の撃つべきを知り、吾が卒の以て撃つべきを知るも、而も地形の以て戦うべからざるを知らざるは、勝の半ばなり。故に兵を知る者は、動いて迷わず、挙げて窮せず。故に曰く、彼れを知りて己れを知れば、勝、乃《すなわ》ち殆《あや》うからず。地を知りて天を知れば、勝、乃ち全うすべし。

【解説】

ここで改めて、戦いの原理原則を説いている。

現代の経営戦略でも自社・競合・顧客の分析の前に、政策・経済・社会情勢・技術動向をよく把握し、適切なターゲットにそのときに適切な戦術を速やかに実行することだとするが、孫武は二千五百年前に実践していたことになる。

第10章　地形篇　［セルフ・チェック］

◇何か行動を起こすとき、どんな状況が待ち受けているか、予測しているか。

第11章

九 地 篇

九種の戦場のタイプ別戦闘方式と自軍を窮地に陥れて軍を発奮させる法を説く篇

カギになる言葉

- 利に合えば而《すなわ》ち動き、利に合わざれば而ち止まる
- 兵の情は速かを主とす
- 勇を斉《ととの》えて一の若《ごと》くにするは政の道なり
- 将軍の事は、静かにして以て幽《ふか》く、正しくして以て納まる
- 兵を為すの事は、敵の意を順詳するに在り
- 始めは処女の如くにして、敵人、戸を開き、後は脱兎の如くにして、敵、拒《ふせ》ぐに及ばず

1

戦場の違いによる戦い方

訳

孫子は言う。戦争には戦場の地形に応じた戦い方がある。地形には、散地、軽地、争地、交地、衢《く》地、重《ちょう》地、圮《ひ》地、囲《い》地、死地の九つがある。

①散地…諸候自らの国土。この地で戦ってはならない。

②軽地…敵の領土内の陣地から遠い場所。ここに止まってはならない。

③争地…敵味方双方にとって、獲得できれば有利な土地。敵が先にその地へ入っていれば攻撃してはならない。

④交地…敵味方双方が、簡単に行き来できる土地。ここでは、敵情に関する情報収集に努め、軍隊内部の連絡をしっかり行う。

⑤衢《く》地…諸侯の国々に四方を囲まれており、最初にそこを制して諸侯たちの協力を得られれば周辺諸国の民心も掌中に収めることができる土地。この地では、諸国と同盟関係を結ぶ。

⑥重《ちょう》地…敵の城や村の背後にまで迫っているような、敵の陣地に近い

衢：四方に分かれた道。
圮：壊れ崩れる。荒れる。

場所。ここでは、敵の兵糧などを略奪する。
⑦圮地《ひ》…山林、険しい地形、湿地帯など行軍が難しい土地。この地はすみやかに通り過ぎる。
⑧囲地《い》…入り口は狭く、引き返すときにはまわり道をしなければならない土地。この地では、味方が大勢でも敵は少数の兵力で戦いを制することができるため、奇策をめぐらす。
⑨死地…力の限り戦えば免れるが、奮戦しなければ壊滅する土地。この地では、腹を決めて戦う。

孫子曰く、用兵の法は、散地あり、軽地あり、争地あり、交地あり、衢《く》地あり、重《ちょう》地あり、圮《ひ》地あり、囲《い》地あり、死地あり。諸侯自ら其の地に戦う者を、散地と為す。人の地に入りて深からざる者を、軽地と為す。我れ得るも亦《ま》た利、彼れ得るも亦た利なる者を、争地と為す。我れ以《もっ》て往くべく、彼れ以て来たるべき者を、交地と為す。諸侯の地三属し、先《ま》ず至って天下の衆を得る者を、衢地と為す。人の地に入ること深く、城邑《じょうゆう》を背《そむ》くこと多き者を、重地となす。山林、険阻、沮沢《そたく》を行き、凡そ行き難きの道なる者を、圮地《ひち》と為す。由りて入る所のもの隘《せま》く、従って帰る所のもの迂《う》にして、彼れ寡《か》にして以て吾れの衆を撃つべき者を、囲地《いち》となす。疾戦《しっせん》せざれば則ち存し、疾戦せざれば則ち亡ぶ者を、死地と為す。是の故に、散地には則ち戦うこと無く、軽地には則ち止まること無く、争地には則ち攻むること無く、交地には則ち絶つこと無く、衢地には則ち交を合わせ、重地には則ち掠《かす》め、圮《ひ》地には則ち行き、囲地には則ち謀《はか》り、死地には則ち戦う。

【解説】

前章の地形篇における地形の区分は形状によるものであるが、本篇での区分は戦術上の区分となる。各々の戦術上の地形における特徴を見ておく。

①散地…兵士にとり自国内なので家族のことが心配になり、軍の集中力が低下しやすい。そのため、将軍は軍の統率に苦慮することになる。

②軽地…国境付近では敵軍の圧倒的な陣容を目にしたり、小規模な戦闘で負けたりすると、兵士は自国に引き返したくなる気持ちが強くなる。敵軍もその隙を逃さず衝いてくる危険な状況である。

③争地…軍争（戦場に先着すること）により地形を味方にできれば、自軍が小

疾戦：迅速に戦うこと。

規模部隊でも敵軍を圧倒・撤退させることができる。

④交地…主に幹線道路沿いの場所であり「用武之地《ようぶ》」とも呼ばれ、戦闘に適している。見通しがきく場所のため、敵軍に発見されやすく、戦闘になる可能性がある。斥候を出して入念に敵を探索する必要がある。

⑤衢地…自軍と敵軍のみならず、中立国も介入しやすい場所である。中立国の敵軍への加勢等を防止し、敵軍にのみ集中できる情況にする必要がある。ここでの戦略の一例として、中立国との連衡の噂を流して敵を不安にさせる。

⑥重地…敵国に深く侵攻しているので容易に撤退できないため、兵士に覚悟をさせて進軍させる。そこで重要となるのが兵站補給である。このとき糧食は敵国の民からではなく、敵軍から奪取する。

⑦圮地…当時は戦車と騎馬が主力であったため、これらの通行が困難な場所であり敵軍に包囲されれば窮地に陥る。よって敵の情勢を頻繁に確認し兵士に安全であることを理解させ速やかに通り抜ける。

⑧囲地…軍組織が迅速に、しかも臨機応変に行動することが困難な場所であり、自然環境と敵軍に包囲されやすい。知力を尽くして敵軍の攻撃を阻止する謀略を用いて難局を乗り切る。

⑨死地…逃げることができないため、兵士は死に物狂いで戦う。

2 敵の組織を撹乱する

訳

言い伝えによると、昔の名将は敵軍の前軍と後軍を分断し、大部隊と小部隊の連携を断ち、身分の高い者と低い者がお互いを支援しないようにさせ、上官と部下とが互いに助け合えないように仕組んだ。兵がばらばらになって集らず、集っても陣立てが整わないようにさせた。こうして、味方が有利とみれば動き、不利とみれば止まった。

所謂《いわゆる》古えの善く兵を用うる者は、能く敵人をして前後相い及ばず、衆《しゅう》寡《か》相い恃《たの》まず、貴賤相い救わず、上下相い扶《たす》けず、卒離れて集まらず、兵合《がっ》して斉《ととの》わざらしむ。利に合えば而《すなわ》ち動き、利に合わざれば而ち止まる。

【解説】
敵軍と対峙したら回避するか、敵軍を内部から弱体化させることを説く。つまり、上下の衝突・兵士同士の不信感を生む噂を流し、結束力を無くすのである。

3 先手必勝

訳
では、敵が万全の態勢を整え、大軍でこちらを攻撃してきたらどうするのか。そのときは、機先を制して敵が最重視している所を奪う。そうすれば、敵をこちらの要求に従わせることができるだろう。戦いには、まず何よりも迅速さが重要である。敵の隙に乗じ、思いもよらない奇策を用い、敵が警戒していない所を攻撃することである。

敢えて問う、敵、衆整《しゅうせい》にして将《まさ》に来たらんとす。これを待つこと若何《いかん》。曰く、先ず其の愛する所を奪わば、則ち聴かん。兵の情は速《すみや》か

衆整：大多数が整然としていること。

を主とす。人の及ばざるに乗じて不虞《ふぐ》の道に由《よ》り、其の戒《いまし》めざる所を攻むるなりと。

【解説】

軍争篇の「正正堂堂」は敵軍が布陣している状況であり、本章句が想定するのは敵軍が進撃してきている状況であることに注意したい。迅速な行動がすべてである。迅速な行動で、敵軍の裏をかき、敵軍があてにしている出城や遮蔽物を破壊し、あてにしている場所を先に占拠するのである。迅速な行動により主導権を握り、自軍に有利な状況をつくれば、敵軍を自軍の想定どおりに仕向けることも可能となり、戦局を支配できる。

4 敵地侵攻の原則

訳

敵国に進撃するのであれば、深く入り込むことが肝要である。敵陣深くに入り込めれば、味方は団結し、敵はこれに対抗できない。加えて、豊穣

虞：思いをめぐらす。

な敵地を略奪すれば、糧食が十分確保できる。兵を十分に休養させ疲労がたまらないようにし、戦力を蓄えて兵の士気を高め、軍を作戦どおりに動かし、敵軍にさとられないような計略を展開する。このような敵地の奥深くに兵を投入すれば、兵は逃げようにも逃げ場がなく、必死に戦う。決死の覚悟で戦えば、勝てないはずがない。

兵というものは、絶体絶命の窮地になれば、逆に恐怖を感じなくなる。逃げ場のない状況に立たされれば、自然と軍の結束は強まり、敵国内に深く入っているため兵の行動も統制され、兵は戦わざるを得ない状況になれば必死で戦う。

凡《およ》そ客《かく》たるの道、深く入れば則ち専《もっぱ》らにして、主人克《か》たず。饒野《じょうや》に掠《かす》むれば三軍も食に足る。謹《つと》め養いて労すること勿《な》く、気を併わせ力を積み、兵を運《めぐ》らして計謀《けいぼう》し、測るべからざるを為し、これを往く所なきに投ずれば、死すとも且《は》た北《に》げず。死焉《いずく》んぞ得ざらん、士人力を尽す。兵士は甚だしく陥《おちい》れば則ち懼《おそ》れず、往く所なければ則ち固く、深く入れば則ち拘《こう》し、已《や》むを得ざれば則ち闘う。

饒野：肥沃で広大な土地。

計謀：謀略を企図すること。

【解説】

敵陣に入れば、自軍は逃げ場を失うので兵士は命がけで戦う。敵陣にいれば、将軍が指示を与えるまでもなく、兵士一人ひとりがよく考え、機敏に動き出す。優位な状況の中で退路を立つことも必勝法の一つである。

前二〇四年の「井陘《せいけい》の戦い」における韓信の「背水の陣」がまさにそれだった。漢の韓信は三万の兵を率いて井陘口の隘《あい》路《ろ》を下り、塁《るい》壁《へき》城に陣取る趙軍二〇万と対峙した。そこで韓信は常識とは逆の、河を背にして陣を布いた。趙軍はこの無謀な布陣を見て、兵法を知らぬ愚か者と嘲笑し、退路を自ら断った漢軍の行動から自軍の勝利を確信した。

漢軍が突撃を開始すると油断している趙軍は城から出てきて迎撃をはじめる。しかし多勢に無勢、漢軍はじりじりと後退を余儀なくされ河岸の陣地に逃げこんだ。好機到来と判断した趙軍は全軍を投入して力攻めに及んだ。

だが、退路を断ち、死に物狂いで戦う漢軍が相手である。趙軍の被害も大きくなっていった。そこで趙軍は一旦塁壁城に引き返し態勢を立て直そうとし、城に戻ると、信じられないことに城には漢軍の赤旗が翻っているではないか。趙軍の全軍が城から出た隙に、城の背後に伏兵させていた部隊に城を占拠させ漢軍の旗

韓信：漢王劉邦配下の武将。紀元前二三〇年生、紀元前一九六年没。

井陘口：井陘（現在の河北省井陘県）の狭隘の道。

を立てさせたのである。

城外で戦う趙軍の兵士たちは趙王が打ち取られたと勘違いして大混乱に陥り、われ先にと逃げだしてしまう。この隙を逃さず、韓信率いる漢軍主力部隊が趙軍を背後から急襲、趙軍を撃ち破ったのである。

◇死を必すれば則ち生き、生を幸《こいねが》えば則ち死す。（『呉子』治兵）
――命を投げ出して戦えば命を得て、生きて帰りたい僥倖《ぎょうこう》を願えば敗死を招く。

訳

それゆえ、こうした状況では、軍の上官が教えなくても兵は自らの行動を律し、指図をしなくても力戦し、拘束しなくても団結し、軍令を厳しくしなくても信義に沿って行動する。さらに、占いごとを禁止し、疑心を抱かせないようにすれば、死ぬまで主君に忠誠を誓って戦うであろう。

こうして、兵は己の命や財産を失うことを恐れずに戦う。彼らにしても、財貨は惜しいし、命も惜しい。だが戦いとはそうしたことを抜きにして、やむにやまれず行うものである。それゆえ、出陣の命令が下れば、高

場のあまり、座っている兵は涙で襟をうるおし、横に臥せている兵は涙で顔中をぬらすのだ。こうした兵を逃げ場のない戦場に投入すれば、誰もが高名な専諸《せんしょ》や曹劌《そうかい》のように勇敢な働きぶりをするのである。

是の故に其の兵、修《おさ》めずして戒め、求めずして得、約せずして親しみ、令せずして信なり。祥《しょう》を禁じ疑を去らば、死に至るまで之《ゆ》く所なし。吾が士に余財なきも、貨を悪《にく》むには非ざるなり。余命なきも、寿《じゅ》を悪むには非ざるなり。令の発するの日《ひ》、士卒の坐する者は涕《なみだ》襟を霑《うるお》し、偃《えん》臥《が》する者は涕頤《あご》に交わる。これを往く所なきに投ずれば、諸、劌《けい》の勇なり。

【解説】

戦わざるを得ない状況になれば、兵士は否応なく働かざるを得ない。その士気を上げるのがリーダーの仕事であることを言外に述べている。

「祥を禁じ疑を去る」とは、占いで迷信を信じたり、妙な噂話などで戦う意欲がくじかれることを戒めることを言っている。自軍が劣勢だ、敵軍には強力な兵器がある等の、最初は嘘や根拠の薄い噂であっても、多くの人の話題になれば、

専諸：呉の公子光（後の闔閭）の側近で、呉王僚の暗殺を実行した。呉の将軍伍子胥に才覚を見いだされ、呉王闔閭が公子の頃にその側近となる。王位を狙う公子は呉王僚の暗殺を専諸に依頼。専諸は魚料理に剣を隠し、呉王僚を刺殺するがその場で護衛に殺される。この暗殺により公子は呉王闔閭として即位。専諸の子は上卿の地位を与えられた。

曹劌：魯の荘公に仕えた軍師。生没年不詳。斉に攻め込まれた魯を守るため、斉の桓公に和議の誓約を行う席で桓公に刃物を突きつけ、奪われた土地を返すように脅しつけた逸話が有名。

偃臥：横になって伏せること。

常識的にはあり得ないことを信じてしまう。それを戒めている。

5 リーダーの統率力

訳

戦に長けた者は、常山にいる率然《そつぜん》と呼ばれる蛇のようである。この蛇は、頭を撃つと尾が反撃してきて助けにくるし、尾を撃つと頭が反撃してきて助けにくる。そして腹を撃てば頭と尾とが一緒になって反撃して助けにくる。ある人が「軍隊をこの率然のように動かすことができるか」と尋ねたので、私は「できる」と答えた。呉人と越人は互いに憎み合う仲であるが、それでも一つの舟に乗り合わせ、途中で暴風により危難となれば、彼らは左右の手のように助け合うものである。

軍隊にこうした協力体制を築くには、馬を繋ぎとめ戦車の車輪を土に埋めて防御を固めても、それでは十分ではない。勇敢な軍隊で一丸となり戦うには、軍を統率する指導力がいる。統率力により強者も弱者も全力を尽

常山：山西省にある山で、中国五岳の一つ。

くさせ、地の利の法則をよく覚え込ませる。
戦争巧者が軍隊を動かすと、全軍がまるで一人の人間が動いているように整然と行動する。これは、軍隊をそうせざるを得ない状況に仕向けるからである。

故に善く兵を用うる者は、譬《たと》えば率然の如し。率然とは常山《じょうざん》の蛇なり。其の首を撃てば則ち尾至り、其の尾を撃てば則ち首至り、其の中を撃てば則ち首尾倶《とも》に至る。敢えて問う、兵は率然の如くならしむべきか。曰わく、可なり。夫《そ》れ呉人と越人との相い悪《にく》むや、其の舟を同じくして済《わた》りて風に遇《つな》うに当たりては、其の相い救うや左右の手の如し。是の故に馬を方ぎて輪を埋むるとも、未だ恃《たの》むに足らざるなり。勇を斉《ととの》えて一の若《ごと》くにするは政の道なり。剛柔皆な得るは地の理なり。故に善く兵を用うる者、手を携うるが若くにして一なるは、人をして已《や》むを得ざらしむるなり。

【解説】

「呉越同舟」の出典である。危機感を感じ協働しなければ命は助からないという状況において、人は普段から想像できないほどに緊密な連係行動ができるものだとしている。ただし、この前提条件が「勇を斉えて一の若くにするは政の道なり」、つまりリーダーの統率力である。

6 リーダーの任務

訳

将軍たる者、冷静で厳正な態度でいなくてはならない。

兵には作戦計画を知らせず、戦略戦術や謀略の変更も伝えてはならない。布陣場所や迂回路の取り方なども伝えない。開戦により兵を率いれば、高所に登らせはしごを外すがごとく退路を断ち、敵地に深く侵攻するには弓を放つように勢いをもち、羊の群れを駆るが如く隊を操る。隊は指揮に応じて縦横無尽に動く。

こうして全軍の兵を一つにまとめ、絶体絶命の窮地の中で戦わせる。これが将軍の任務である。

九つの地勢に応じた戦い方を知り、敵情に応じた軍の進退を指揮し、兵の心情を読むこと、将軍の務めだ。

将軍の事は、静かにして以《もっ》て幽《ふか》く、正しくして以て治まる。能《よ》く士卒の耳目を愚にし、これをして知ること無からしめ、其の事を易《か》え、其の謀《はかりごと》を革《あらた》め、人をして識《し》ること無からしむ。其の居を易え其の途《みち》を迂《う》にし、人をして慮ることを得ざらしむ。帥《ひき》いてこれと期すれば、高きに登りて其の梯《はしご》を去るが如く、深く諸侯の地に入りて其の機を発すれば、群羊《ぐんよう》を駆るが若《ごと》し。駆られて往き、駆られて来たるも、之《よ》く所を知る莫《な》し。三軍の衆を聚《あつ》めてこれを険に投ずるは、此れ将軍の事なり。九地の変、屈伸の利、人情の理は、察せざるべからざるなり。

【解説】

この当時の戦争は、兵は忠実に将軍の指示に従うことが絶対であった。統率された兵が一つの目的のために整然と動くにはこれが大事だったのだ。

これを一五八二年の「本能寺の変」に見てみよう。

主君織田信長からの命令により、中国地方の毛利攻めに向かう羽柴秀吉に加勢

幽：山の奥のかすかな様子。

するため、明智光秀の軍勢は亀山に駐屯し体制を整えていた。そこに京都に放っていた諜報員からの、信長が無防備な状態で本能寺に投宿したことを知る。

そこで、中国への進軍のふりをして、六月一日の夜半に亀山を出る。一万三千の兵を率いて、桂川を渡りきったとき、はじめて攻撃の相手が毛利ではなく、信長であることを全軍に通達したのである。

もしも亀山に駐屯中にこのことを全軍に伝えていたらどうなっていたか。謀叛の計画に離反者が出、計略は失敗しただろう。

しかし、桂川を渡った後であれば、京都に進軍した事実から兵も言い逃れはできず、光秀の指示に従わざるを得なかった。

7 敵国内での戦い方

訳

敵国深く進軍すれば味方の軍隊は団結するが、それが浅いうちは軍は統率に欠く。国境を越えて軍を率いて戦うとき、その戦地を絶地という。絶

地のうち、戦場が四方に広がる所を衢《く》地、敵地深くを重《ちょう》地、敵地に浅い所を軽地、背後が険峻、前方が峡谷を囲地、逃げ場のない所が死地である。


散地では、兵の心を一つに集め、団結を強める。

軽地では、兵の帰属意識を強める。

争地では、敵の背後に急がせる。

交地では、慎重に守りを固める。

衢地では、周辺の諸侯たちとの同盟を固める。

重地では、兵糧の補給を確保する。

圮《ひ》地では、迅速に通り過ぎる。

囲地では、自ら退路を断ち、兵に決死の覚悟をさせる。

死地では、戦う以外に生きのびる道がないことを全軍に示す。

そもそも兵の心理は、敵に包囲されれば必死にその攻撃に抵抗し、戦わざるを得なければ必死に戦い、危機だと思えば将軍を頼りにしてその命令に従う。

凡《およ》そ客《かく》たるの道は、深ければ則ち専《もっぱ》らに、浅ければ則ち散ず。国を去り境を越えて師ある者は絶地なり。四達する者は衢《く》地なり。入ること深き者は重《ちょう》地なり。入ること浅き者は軽地なり。背《はい》は固《こ》にして前は隘《あい》なる者は囲地なり。往《ゆ》く所なき者は死地なり。是の故に、散地には吾れ将に其の志を一《いつ》にせんとす。軽地には吾れ将にこれをして属《つづ》かしめんとす。争地には吾れ将に其の後に趨《うなが》さんとす。交地には吾れ将に其の守りを謹しまんとす。衢地には吾れ将に其の結びを固くせんとす。重地には吾れ将に其の食を継がんとす。圮《ひ》地には吾れ将に其の塗《みち》に進まんとす。囲地には吾れ将に其の闕《けつ》を塞《ふさ》がんとす。死地には吾れ将にこれに示すに活きざるを以てせんとす。故に兵の情は、囲まるればすなわち禦《ふせ》ぎ、已《や》むを得ざれば則ち闘い、過ぐれば則ち従う。

【解説】

兵士が不安になったり士気が下がったりと、心理状態が不安定になるような場所での戦闘を避けることが敵国への侵攻における原則である。その重要さから、九地篇1で列挙した戦術上の地形を繰り返し述べている。

客：自国ではないので「客」としている。

8

覇王の威勢

訳

したがって、諸国の思惑を知らずに同盟を結んではならない。山林、険路、湿地などの地形を知らずして軍を指揮してはならない。その地に詳しい案内役を使えなければ地の利は得られない。

この三つのうち一つでも欠けては、天下を制する軍とはなり得ない。

是の故に諸侯の謀《はかりごと》を知らざる者は、預《あらかじ》め交わること能《あた》わず。山林・険阻《けんそ》・沮沢《しょたく》の形を知らざる者は、軍を行《や》ること能わず。郷導を用いざる者は、地の利を得ること能わず。此の三者、一も知らざれば、覇王の兵にあらざるなり。

【解説】

「覇王」とは、秦国の始皇帝のように、群雄割拠する諸侯のすべてと対峙し打倒して、全権力を掌握して天下を統治する、絶対的な王のことである。

訳

このような覇王が従える軍が大国を攻めれば、敵国は態勢を整える間もなく撃破される。また、威圧をかければ敵は周辺国との同盟も叶わない。したがって、覇王は諸国と同盟せず、諸国の力を借りずとも、思いのままに敵国を威圧できる。よって、敵城を落とし、敵国を敗ることができる。

夫《そ》れ覇王の兵、大国を伐つときは則ち其の衆聚《あつ》まることを得ず、威、敵に加わるときは則ち其の交合することを得ず。是の故に天下の交を争わず、天下の権を養わず、己れの私を信《の》べて、威は敵に加わる。故に其の城は抜くべく、其の国は隳《やぶ》るべし。

【解説】

強勢な武力を示すことにより、敵を怯ませて無用な戦闘を避けて天下を統一する方法である。理想は、武力ではなく王の人徳・威厳による天下統一だ。

◇徳を耀《かがや》かして兵を観《しめ》さず（＊）。（『十八史略』周）

――真の王者は、徳の力で世を治め、武力ではその威を示さない。

＊周王朝第五代の穆《ぼく》王が異民族討伐のための外征の軍を起こそうとしたとき、祭公謀父《さいこうぼうふ》が諫めたことば。

訳

これには、規定外の報奨制度の一方で、厳しい軍令を設ければ、全軍を一人の人間を動かすように思いのままに指揮できる。
兵には任務を与えるのみにして、詳細な説明は不要である。任務の利点を告げ、不利な点を言ってはならない。軍隊は絶体絶命の窮地に立たされると起死回生を真剣に考え、死地に追い込まれると生き延びることを強く意識する。
兵卒たちは死戦に陥ることで、決死の覚悟で戦うようになる。

無法の賞を施し、無政の令を懸《か》くれば、三軍の衆を犯《もち》うること一人《いちにん》を使うが若《ごと》し。これを犯うるに事を以《もっ》てし、告ぐるに言を以てすること勿《な》かれ。これを犯うるに利を以てし、告ぐるに害を以てすること勿かれ。これを亡地《ぼうち》に投じて然《しか》る後に存し、これを死地に陥れて然る後に生く。夫れ衆は害に陥りて然る後に能く勝敗を為す。

【解説】

賞罰は公明正大に行うことと同時に大切なことは、その賞を与えるにふさわしい人物かどうかを見極めることである。

9 開戦の心がまえ

訳

戦争の要諦は、敵の策謀をつかみ、その術中にはまるふりをして敵を油断させ、その間に自軍の兵力を一つに集めて行動すれば、千里先の敵将をも討ち取れる。これを戦上手という。

開戦が決まれば、関所を閉じ、通行証を止め、使節の往来も禁じる。宗廟で軍議を開き、集めた敵情から計略を練る。

故に兵を為すの事は、敵の意を順詳《じゅんしょう》するに在り。敵を并《あわ》せて一向し、千里にして将を殺す、此れを巧みに能く事を成すと謂う。是の故に政挙《おこ》なわるるの日は、関《かん》を夷《とど》め符《ふ》を折《くだ》きて、其の使を通ずること無く、廊廟《ろうびょう》の上に厲《きび》しくして、以《もっ》て其の事を誅《せ》む。

順詳：敵の意図を読んで。それにあわせること。
廊廟：祖先を祀る堂。

【解説】
開戦準備を述べた章句である。

◇**師《し》は直《なお》きを壮《そう》と為し、曲《まが》れるを老いたりと為す。**（『春秋左氏伝』宣公十二年）
――自軍は正義であると確信するとき、兵の士気は盛んになる。逆に、自軍が不義だと思えば、兵の気力は萎む。

訳
敵が動揺したら、その隙を狙ってすばやく侵攻し、敵の要塞を目指して秘密裏に行動しながら、時をはかって攻撃をしかけ勝敗を決する。最初は、さながら処女のごとく物静かに行動し敵を油断させる。その後に脱兎のごとく、すばやく攻撃を仕掛ける。これなら敵は手も足も出ない。

敵人開闔《かいこう》すれば、必ず亟《すみ》やかにこれに入り、其の愛する所を先きにして微《ひそ》かにこれと期し、践墨《せんぼく》して、敵に随《したが》いて、以て戦事を決す。是の故に始めは処女の如くにして、敵人、戸を開き、後は脱兎の如くにして、敵、拒《ふせ》ぐに及ばず。

開闔：扉を開くこと。ここでは敵が動揺して隙を見せること。
践墨：黙々と実行すること。

【解説】

権謀術数として知られるのが、前二〇二年の「垓下《がいか》の戦い」である。

広武山《こうぶさん》で対峙していた楚軍と漢軍は、前二〇三年、和平協定を結び三年に及んだ戦争に区切りをつけた。楚軍は安心して帰国の途につき、漢軍も関中へ帰還しようとしたとき、劉邦に対して参謀の張良《ちょうりょう》と陳平《ちんぺい》が、楚軍を追撃し急襲すべきと進言する。

劉邦はこれを受け入れ、撤退する楚軍を背後から急襲したのである。追いつめられ楚軍は垓下の地で漢軍に包囲され完全孤立状態になる。ここで張良は漢軍の兵士に命じて楚国の歌を歌わせ、項羽とその兵士たちに、楚国陥落の絶望感を味わわせる。これが「四面楚歌」の由来である。

死を覚悟した項羽は決死隊を編成し漢軍の包囲網を突破し、烏江《うこう》の渡し場までたどり着いたが、そこで自害をし三二歳の生涯を終えたのである。

◇虎を養いて患《うれ》いを遺《のこ》す。（『史記』項羽）

——将来猛威を振るう恐れのある虎を大事に育てておいて、後日その禍（虎に襲われる）を自らが受けること。

劉邦：前漢の初代皇帝。
張良：劉邦に仕えた軍師。蕭何・韓信と共に漢の三傑とされる。生年不詳、紀元前一八六年没。
陳平：はじめ項羽に仕えたが、その後、劉邦の軍師となる。生年不詳、紀元前一七八年没。
項羽：秦末期の楚の武将。

項羽の死により、およそ五年に及ぶ楚漢戦争は終結する。そして、劉邦により漢王朝の礎が築かれることになる。劉邦によって開かれた漢王朝はいったん滅亡するが、再び再興されたことにより、前漢と後漢に分けて、その歴史が語れることになる。

第11章 九地篇 ［セルフ・チェック］

◇人と対峙するとき、人それぞれの特性を考慮して対応しているか。

第12章

火攻篇

火を使った五通りの方法とそれらへの対処の仕方、戦闘の心得を説く篇

カギになる言葉

- 夫《そ》れ戦勝攻取して、其の功を修めざる者は凶なり。命《なづ》けて費留と曰う
- 主は怒りをもって師を興すべからず
- 将は慍《いきどお》りを以て戦いを致すべからず

1

火攻めの決行時期

訳

孫子は言う。火攻めには次の五通りがある。
①兵営の兵を焼き討ちする。
②兵糧の貯蔵場を焼く。
③武器や武具を積んだ荷車を焼く。
④兵站が集まる場を焼く。
⑤先陣部隊を焼く。
火攻めは、適当な条件が揃ってはじめて実行に移す。火器も準備しておく。そして決行には適切な時と日がある。時とは空気が乾いた頃合いであり、日とは月が箕《き》・壁《へき》・翼《よく》・軫《しん》の星座にかかる頃合いである。この四つには、必ず風が吹き起こる。

孫子曰く、凡《およ》そ火攻《かこう》に五あり。一に曰《いわ》く火人《かじん》、二に曰く火積《かし》、三に曰

箕・壁・翼・軫：西を除く、三方向にかかる星座。

く火輪《かし》、四に曰く火庫《かこ》、五に曰く火隊《かたい》。火を行なうには必ず因あり、煙火は必ず素《もと》より具《そな》う。火を発するに時あり、火を起こすに日あり。時とは天の燥《かわ》けるなり。日とは月の箕《き》・壁《へき》・翼《よく》・軫《しん》に在るなり。凡そ此の四宿《ししゅく》の者は風の起こるの日なり。

【解説】

火攻めでよく知られる戦いに、映画化もされた二〇〇八年冬の「赤壁の戦い」があげられよう。

2 戦況に応じた戦術

訳

火攻めは五種の戦術に応じて兵の使い方を変えなければならない。①敵陣に忍び込み火の手を上げれば、速やかに外から攻撃を仕掛ける。②火の手を見ても敵陣の動静に変化がなければ、兵を動かさずに攻撃を控え、火の勢いを見極めてから動向を判断する。

輜：軍用の荷車。

赤壁の戦い：長江の赤壁（現在の湖北省）において起こった曹操軍と孫権・劉備連合軍の戦い。

③外から火攻めができるなら、敵陣内の協力者が火をつけるのを待たずに攻撃する。
④火の手が風上から上がれば、風下からは攻撃しない。
⑤昼間の風は長く続くが、夜には止む。
火攻めにはこの五つを知り、その状況によりどの戦術を使うかを臨機応変に変える。

凡《およ》そ火攻《かこう》は、必ず五火《ごか》の変に因りてこれに応ず。火の内に発するときは、則ち早くこれに外に応ず。火の発して其の兵静かなる者は、待ちて攻むること勿《な》く、其の火力を極めて、従うべくしてこれに従い、従うべからずして止む。火、外より発すべくんば、内に待つこと無く、時を以てこれを発す。火、上風《じょうふう》に発すれば、下風《かふう》を攻むること無かれ。昼風は久しければ夜風には止む。凡そ軍は必ず五火の変あることを知り、数を以てこれを守る。

【解説】
そもそも放火戦術は敵軍の不意を衝き、混乱を引き起こす心理作戦である。

3

水攻めの限界

訳

火攻めは聡明な智恵により行えるが、水攻めは強大な兵力がなければ行えない。そして、水攻めは敵の侵攻をは遮断できるが、敵城を奪うことはできない。

故に火を以《もっ》て攻を佐《たす》くる者は明なり。水を以て攻を佐くる者は強なり。水は以て絶つべきも、以て奪うべからず。

【解説】

水攻めは、自軍を安全な状態に保ちながら、敵軍の逃げ道を断ち孤立分断させるのが目的である。水路を変え堰を作るなど、莫大な時間と労力と費用を要する。

4

賢明なる戦争終結

訳

戦いに勝ち戦果を上げても、そもそもの戦争目的を総括せずに戦い続けることは不吉を招く。これを費留《ひりゅう》という。したがって、聡明な君主は終結の仕方をよく考え、有能な将軍はそれを速やかに実行する。

夫《そ》れ戦勝攻取して、其の功を修めざる者は凶なり。命《なづ》けて費留《ひりゅう》と曰う。故に曰く、明主はこれを慮り、良将はこれを修む。

【解説】

「費留」とは、無駄骨を折るということである。魏の曹操《そうそう》による孫子の注釈書『魏武注孫子』では、時機を外した報奨も「費留」だとしている。

訳

有利でなければ軍隊を動かさず、利益がなければ軍隊を用いず、危険が

費留：無駄な費用ばかりをかけて長逗留すること。

迫らなければ戦わない。君主たる者は一時の怒りによって兵を挙げてはならず、将軍たる者も一時の憤りによって戦いを始めてはならない。味方にとって戦うことが有利であるかどうかという客観的な判断によって行動すべきである。君主の怒りは時が経てば喜びに変わることもあろうし、将軍の憤りもやがてほぐれて楽しみに変わることもあろう。しかし、国はひとたび亡《ほろ》べばそれでおしまいであり、死んだ者は二度と生き返らない。

それゆえ、聡明な君主ほど開戦の是非を慎重に決め、有能な将軍ほど安易に戦いを始めないよう自戒する。こうした君主や将軍のもとでこそ、国家は安泰であり、軍隊は守られるのである。

利に非《あら》ざれば動かず、得るに非ざれば用いず、危うきに非ざれば戦わず。主は怒りを以て師を興すべからず。将は慍《いきどお》りを以て戦いを致すべからず。利に合えば而《すなわ》ち動き、利に合わざれば而ち止まる。怒りは復《ま》た喜ぶべく、慍りは復た悦ぶべきも、亡国は復た存すべからず、死者は復た生くべからず。故に明主はこれを慎しみ、良将はこれを警《いまし》む。此れ国を安んじ軍を全うするの道なり。

【解説】

君主の一時的で個人的な怒りによる開戦を、『呉子』では「剛兵」と呼ぶ。周りに対して投げつけた怒りは、自分自身、そして自らが率いる組織を衰退に導く敵を生み出して己に反ってくる。

だからこそ、古来より、己自身に巣くう敵と対峙し克つために多くの箴言が遺されてきた。

◇**軍には私怒《しど》なし。**（『春秋左氏伝』昭公二十六）

――戦争は、必ず義、つまり公利のための行為であり、一人の怒りや怨み、または功名のための行為ではない。

第12章　火攻篇　［セルフ・チェック］

◇一気呵成に攻めるとき、どんなことに注意を払っているか。

第13章

用 間 篇

戦争は情報戦が大事であり、それを担うスパイの必要性や役割などを説く篇

カギになる言葉

- 爵禄・百金を愛《おし》んで、敵の情を知らざる者は、不仁の至りなり

1 諜報活動の重要性

訳

孫子は言う。十万の軍隊を動員して千里先へ出兵するとなれば、民衆の負担や国家の支出は一日に千金にもなり、国の内外は大騒動となり、七十万もの家が農事に携われなくなる。こうした状況が数年続き、一日の決戦で勝敗を決するのである。

これほどの大事業の責にあるのに、官吏・兵卒・国民に爵位や俸禄や褒美の金を与えることを惜しみ、敵の情勢を探らずに戦う者は、民を慈しむ心のない不届き者である。こうした者は人の上に立つ将軍とはいえない。君主の補佐役とはいえない。勝利を司る者とはいえない。

孫子曰く、凡《およ》そ師を興すこと十万、師を出だすこと千里なれば、百姓《ひゃくせい》の費《つい》え、公家《こうか》の奉《ほう》、日に千金を費し、内外騒動して、事を操《と》るを得ざる者、七十万家。相い守ること数年にして、以《もっ》て一日の勝を争う。而《しか》るに爵禄・百金を愛《おし》んで、敵の情を知らざる者は、不仁の至りなり。人の将に非ざるなり。主の佐に非ざるなり。勝の主に非ざるなり。

【解説】

「不仁」の「仁」とは、人間性の究極の境地であり、聖人孔子が強く説いた概念である。わかりやすく言えば、優しさや愛情である。軍隊における将軍に「仁」という土台無くしては、ただの蛮勇に過ぎない。

「不仁の至り」とは「仁」の正反対という意味で、人でなしということである。「仁」が無ければ、いかに兵法に精通していようとも、人間として評価に値しないのである。「不仁の至り」の将軍は軍隊を率いる資格も、君主を支える資格も、国家に利益をもたらす指導者としての資格もないのである。

◇徳は才の主《しゅ》にして、才は徳の奴《ど》なり。才有り徳無きは、家に主なくして、奴の事を用うるが如し。幾何《いかん》ぞ魍魎《もうりょう》にして猖狂《しょうきょう》せざらん。（『菜根譚』前集百四十）

――人徳は才能の主人で、才能は人徳の僕《しもべ》である。才能があっても人間性がなければ、主人の留守に僕が勝手に振る舞うようなものである。それでは魑魅魍魎がはびこることになる。

訳

聡明な君主や智謀に長けた将軍が戦えば勝ち、人並み外れた成功を収めることができるのは、あらかじめ敵情をよく知るからだ。あらかじめ知るには、鬼神に祈ったり、いにしえの戦争から類推したり、自然の法則を調べて予測したりしない。必ず人を用いて敵情を知るのである。

故に明主賢将の動きて人に勝ち、成功の衆に出ずる所以《ゆえん》の者は、先知なり。先知なる者は鬼神に取るべからず、事に象《かたど》るべからず、度《ど》に験《けみ》すべからず。必ず人に取りて敵の情を知る者なり。

【解説】

的確な判断を下すためには確実な情報を得る必要があり、そのために間者（スパイ）を用いた諜報活動が必要となる。諜報活動をせずとも、風の噂である程度の情報は流れてくる。とはいえ不確かな断片的な情報だけで、敵国の実情や動きを把握することは危険きわまりない。こちらの意図を汲んだ人物を敵国内に、それもできるかぎり中枢に配置する必要が出てくる。

2

諜報活動の方法

訳

そこで間者を使う方法には、郷間《きょうかん》、内間《ないかん》、反間《はんかん》、死間《しかん》、生間《せいかん》の五通りがある。この五通りの間諜活動が一斉に行われながらもそれが漏れないのは神業ともいえよう。国家の宝である。

①郷間…敵国の平民を間者として使う。
②内間…敵国の役人を間者として使う。
③反間…敵国の間者を味方の間者として使う。
④死間…間者を通して偽の情報を敵国に伝えることである。
⑤生間…敵国に潜入するが、生きて味方の軍地に戻り、情報を報告する。

故に間を用うるに五あり。郷間《きょうかん》あり、内間《ないかん》あり、反間《はんかん》あり、死間《しかん》あり、生間《せいかん》あり。五間倶《とも》に起こって、其の道を知ること莫《な》し、是れを神《しん》

神紀：統制して筋道立てること。

紀《き》と謂う。人君の宝なり。郷間なる者は其の郷人に因《よ》りてこれを用うるなり。内間なる者は其の官人に因りてこれを用うるなり。反間なる者は其の敵の間に因りてこれを用うるなり。死間なる者は誑事《きょうじ》を外に為し、吾が間をしてこれを知って敵に伝えしむるなり。生間なる者は反《かえ》り報ずるなり。

【解説】

前二七九年の「即墨《そくぼく》の戦い」における斉の下級役人、田単《でんたん》の諜報戦は歴史に残る事例である。

猛将楽毅《がっき》将軍率いる燕軍は斉国領内で暴れまわり次々に斉国の城を陥落し、残す二拠点の一つ、即墨城の攻略を目論み、城を包囲した。ここで、籠城する田単が諜報戦を仕掛ける。楽毅将軍の母国である燕国内で噂を流したのである。

「楽毅将軍が斉国の莒《きょ》と即墨をさっさと攻略しないのは、自分が王になろうとしているからだ。もし騎劫《ききょう》将軍が着任したら落城は間違いなし」と。

楽毅将軍は先代の昭王《しょうおう》とは堅い信頼関係にあったものの、新王である恵王からは疎んじられていた。不協和音の二人の間にこの噂である。

恵王は楽毅将軍を恐れ、罷免し後任に能力の低い騎劫将軍を任命してしまう。

誑事：誑はあざむくことの意。

田単：斉の武将。斉の滅亡を防いだ英雄。

楽毅：燕の昭王のもとで斉を滅亡寸前にまで追い込んだ将軍。

昭王：没落した燕国を再興した王。

恵王：魏の第三代君主。

見事、楽毅将軍の排除に成功したものの、燕軍による即墨城の包囲が解かれたわけではない。次に田単は流言飛語を仕掛ける。即墨城を包囲する燕軍に二つの噂を流したのだ。

「燕軍は斉軍の捕虜の鼻を削ぎ捨て駒として先陣に立たせるそうだ。燕軍が城外の墓地を暴かないか即墨の民は不安がっているそうだ」と。

この噂を聞いた燕軍は、即墨城に籠城する斉の民を震え上がらせることで早期に降伏させることを目指して、こともあろうか、この噂を実行してしまう。

これを城内から見ていた即墨城に籠城する斉の民衆は、燕軍の非道な行いを見て憤怒に燃え上がり、長引く籠城で疲弊していた斉の民衆は一致団結し、打倒燕軍の機運が一気に高まった。

この機に即墨城は偽装降伏をする。燕軍は、斉軍を震え上がらせることが奏功したことによる降伏と信じ込み、大喜びをして武装解除してしまう。

そしてある夜、放火戦術の一つとして「火牛之計《かぎゅうのけい》（角に刀をつけ、牛の尾に油を浸した葦の束をくくりつけ火をつけ怒らせた牛を敵陣に送り込んで攻撃する戦術）」を使い、城外布陣する燕軍に向けて、千頭の牛を一斉に放った。

暴れ狂いながら刀を振り回す牛の大群により燕軍は大混乱となり、そこに田単

「火牛之計」は、日本においては治承・寿永の乱における戦いの一つ「倶《く》利《り》伽《か》羅《ら》峠の戦い」（一一八三年）で源義仲軍が平家軍に対して用いたと伝えられている。

率いる五千の決死隊が急襲する。後任の将軍を討ち取り、見事、燕軍を即墨城から撤退させることに成功したのである。

3

間者の遇し方

訳

全軍の中でも間者ほど将軍と親しい者はなく、恩賞は間者が最も手厚く、間者の仕事ほど機密が高いことはない。優れた知恵と人格を備えた者でなければ、間者を使うことはできない。事物の機微を察することができなければ、間者のもたらす情報の本質を掴むことができない。極めて繊細さが必要だが、軍事には間者を使わないことはありえないのだ。

（戦争における最重要事なだけに）間諜活動が始まる前にその工作が外に漏れたときは、その間者とその事実を知る者をすべて死刑に処さなければならない。

故に三軍の事、間《かん》より親しきは莫《な》く、賞は間より厚きは莫く、事は間より密なるは莫し。聖智に非《あら》ざれば間を用うること能《あた》わず、仁義に非ざれば間を使うこと能わず、微妙に非ざれば間の実を得ること能わず。微なるかな微なるかな、間を用いざる所なし。間事《かんじ》未だ発せざるに而《しか》も先ず聞こゆれば、間と告ぐる所の者と皆な死す。

【解説】

情報が戦局を左右する。その命運をかけた情報をもたらすのが間者である。日本における間者の活躍として、一五六〇年の「桶狭間の戦い」がある。

織田信長は今川軍を桶狭間で奇襲し今川義元の首を取るという歴史に残る劇的な勝利を挙げた。このとき、服部小平太が義元に一番槍、毛利新助が義元の首級をあげた。戦国の常識では第一の殊勲者として評価されるのは、実戦に参画して武功をあげた両名のどちらかである。

しかし信長が、尾張沓掛城《くつかけじょう》および三千貫文相当の所領という手厚い恩賞を与えたのはこの両者ではなく、義元本陣の動静を探り情報を正確に伝えた梁田政綱《やなだまさつな》であった。圧倒的な勢力を誇る今川軍に対して小勢の織田軍の勝機は、義元の本陣を奇襲し義元本人を討ち取るという一手しかない。そのためには義元の動静を正確に把握する必要がある。さもなければ奇襲部隊は、袋の鼠となり殲滅させられてしまう。この一か八かの勝負を左右する情報をもたらしたのが、諜報活動にあたった政綱であった。

④ 敵情の探索

訳

攻撃対象の軍隊、陥落目標の城、殺害したい人物については、必ずそれに関係する将軍、側近、侍従、門番、宮中の役人の姓名を調べたのち、味方の間者を使って必ずその者たちの詳細を報告させる。

凡《およ》そ軍の撃たんと欲する所、城の攻めんと欲する所、人の殺さんと欲する所は、必ず先ず其の守将《しゅしょう》、左右、謁者《えっしゃ》、門者《もんじゃ》、舎人《しゃじん》の姓名を知り、吾が間をして必ず之を索《もと》めてこれを知らしむ。

謁者：侍従。
門者：門衛。
舎人：衛兵。

【解説】

敵の要人の性格や動静を探るのは並大抵なことではなかっただろう。相手の懐に入るには、その人の信頼を得なければならない。そのためには手練手管が必要になってくる。また、間諜工作と見破られないような胆力も求められる。そして、死を覚悟した諦観もどこかになければならないのではないか。

5

敵の間者を寝返らせる

訳

必ず敵の間者が我が軍に潜入していないかを探り、敵の間者がいるのがわかれば利になるものを与えて寝返らせる。そして「反間」として敵国に返し敵情を探らせる。「反間」の働きで、敵の民や役人を「郷間」や「内間」とすることもできる。これによって敵情がわかるので、「死間」を敵地に送り込み、偽の情報を流すこともできる。これによって「生間」を送り込むことができるのである。君主はこの五つの間者から敵情を確実に知

るのである。つまりは「反間」の活躍によってである。したがって、「反間」は必ず厚遇しなければならない。

必ず敵人の間の来たりて我れを間する者を索《もと》め、因《よ》りてこれを利し、導きて之を舍《しゃ》せしむ。故に反間得て用うべきなり。是れに因りてこれを知る、故に郷間、内間得て使うべきなり。是れに因りて之を知る、故に死間、誑事《きょうじ》を為して、敵に告げしむべし。是れに因りて之を知る、故に生間期《き》の如くならしむべし。五間の事は主《しゅ》必ずこれを知る。これを知るは必ず反間に在り。故に反間は厚くせざるべからざるなり。

【解説】

孫武の説く間者とは、自国に忠誠心を誓い君主に信任されている人物である。よって、その人物を寝返らせることは容易ではない。

仮に「反間」として寝返ったとしても、今度は自国を裏切る可能性がないとはいえない。そのため、手厚い待遇が必要になる。

6

情報戦による勝利

訳

昔、殷《いん》王朝が夏《か》を滅ぼして天下統一を果たすとき、伊摯《いし》が間者となり夏に入った。また、周王朝が殷を滅ぼして天下統一を果たすとき、呂牙《りょが》が間者となり殷に入った。

名君名将軍だけが優れた知恵者を間者に使い、必ず大功を果たすことができるのである。間者こそは戦争の要であり、全軍の行動の頼みとするところである。

昔、殷《いん》の興《おこ》るや、伊摯《いし》、夏《か》に在り。周《しゅう》の興るや、呂牙《りょが》、殷に在り。故に惟《た》だ明主賢将のみ、能《よ》く上智を以て間者と為して、必ず大功《たいこう》を成す。此れ兵の要《かなめ》にして、三軍の恃《たの》みて動く所なり。

【解説】

伊摯や呂牙のような、忠義心が厚く勇敢な人物を「忠勇無双《ちゅうゆうむそう》」と呼ぶ。

伊摯：伊尹《いいん》ともいう。殷（商）の成立に貢献した政治家。

呂牙：太公望呂尚のこと。22ページ参照。

伊摯とは伊尹《いいん》のことで、商（殷王朝）が夏を滅ぼした「鳴条の戦い」で活躍した、商（殷）の建国の立役者である。王を補佐し数百年続く商王朝の基礎を固めた。

呂牙とは太公望のことである。殷王朝の末期、紂王《ちゅうおう》による悪政に耐え忍ぶ姫《き》昌《しょう》（後の文王）は新たな王朝建国のために賢人を求めていた。餌をつけずに釣りをしていた老人、呂牙こそがその人物であった。「太公が望んでいた人物」ということで後に太公望と称され、文王の参謀として周王朝建国の立役者の一人となる。ちなみに釣り道楽を太公望と呼ぶのはこの故事が由来である。

なお、太公望が餌をつけていなかったのは、雑魚ではなく天下を釣りあげるため、つまり将来の為政者を釣るためであったと伝わる。

第13章　用間篇　［セルフ・チェック］

◇他の人よりも先に情報を得る仕組みをもっているか。

紂王：殷朝最後の王。辛帝とも呼ぶ。諫言する近臣を誅殺したり、酒池肉林の語源ともなった放蕩振りなど暴君として名高い。

姫昌：周王朝の始祖。前一一五二～前一〇五六年。聖人（名君）として伝わる。

第3部

孫子の哲学

① 孫子の思想

●計篇の「道」

『孫子』は、「兵とは国の大事なり」の書き出しで始まる。戦争は国家にとっての重大事と説き、続いて、民の生死はもとより、国の存亡に関わることなのでよく考えて臨まなければならないとしている。

『孫子』の作者とされる兵法家孫武が生きたのは、紀元前（以下、前）五〇〇年代中盤、春秋時代（前七七〇〜前四〇三年）としても半ばにあたる。当時の戦争は占いによる非科学的な意思決定により展開されることが多く、また、平原で戦車を使った総あたりの戦術が主流だったため、両軍共に多大な損害が必然だった。いまと比べるとその当時の人口は極めて少なく、兵士の損失は国家衰亡につながる一大事でもあった。

そうした時代に登場したのだが、孫武だった。

兵法を学んだ孫武は、戦争は民と国を守る大事業であるとの思想のもと、究極的には「戦わずして勝つ」ことが最上の策だと結論づけた。孫武の兵法、つまり『孫子』はすべてがここに依拠する。

孫武は先達が遺したいくつもの兵法を読み、実際の戦争を体験する中で、戦争の勝敗を決するもの、それは「道」だと喝破した。

「道」それは「戦争の道理」である。

道とは民をして上《かみ》と意を同じくせしむる者なり。故にこれと死すべくこれと生くべくして、危《うたが》わざるなり。（計篇）

（道とは、民の心や考えを君主と一つにさせる内政のあり方。平素これができていれば、民を君主の言葉に従わせることができ、戦時においても、民は君主と生死を共にする覚悟をし、君主に対して疑わない。）

君主、つまり戦争責任をもつリーダーが公正かつ賢明な政治を執り行うことを励行していれば、自然と民の心は一つにまとまり、いざ戦いというときに皆が結集して大事にあたることができると説いているのである。リーダーの権威が絶対の時代において、民に焦点を向けた、極めて人間的な考えである。敢えていえば、民がいるからこそ君主の存在があり、権威にあぐらをかいて民をないがしろにすることへの当時の君主のあり方へのアンチテーゼとも受け取れる。

反権威的な思想とされる『老子道徳経』でも「道」が最も大切な考えであることが説かれている。老子のいう「道」とは、四季の変化や日の出日の入りなど人智を超えた「物事の法則」のことである。

孫子の「道」もまた、道理から判断すれば善し悪しがわかること、人として踏むべき道、踏んではならない道を心に照らして考えること、これがその思想の通底するところである。

●戦略の原則

つまり『孫子』は原理原則に基づく、「現実的な観点」を重視した書といえる。それまでの慣習にとらわれず、現実を直視し、自軍と敵軍の戦力を分析し、天候や地形なども勘案しながらできるかぎり損害を少なくできる戦い方とは何かから戦略を編み出すことの重要性を説いているからだ。

当時においては超現実派であり、それまでの兵法からすると異例とも思えるようなこともあったろう。そもそも、「戦わずして勝つ」ことを提唱したこと自体、異例だったはずだ。戦争は戦って勝つものだと誰もが疑いようのない理念に反して、戦わないことを推奨しているのである。なぜそうした思想が生まれるのだろう。

それはおそらく、孫武には「木を見て森も見る」思考習慣があったからだろう。当時の兵法は、「いかに戦いに勝つか」「敵をいかに撃滅させるか」を目的にしたものが多い。戦場の現場で何をするかとの技術論だ。

『孫子』にももちろん、さまざまな技術論が示されている。そうした中、戦争を行うにあたっての心がまえを冒頭の計編で説いたのは、「なぜ戦うのか」との根源的な理由を問わなければ、兵士の戦う意欲が十分発揮されないことを認識していたからではないかと思われる。目的がなければゴールが見えてこないのと同じように、戦いの大志を国全体に認識してもらえなければ、ずるずると戦争を長引かせることになる。そうなれば、勝利であっても国は疲弊し、これまで戦ってきた敵以外の周辺諸国からの脅威にさらされることになる。そこまで見越して戦略を考えるのが『孫子』の教えである。

つまり『孫子』はただ戦争に勝つテキストではなく、国家を極力脅かされずに民に安寧をもたらし、国が永続的に営むことを続ける、いわば国家のあり方を説く哲学書として編み出されたものだといえよう。

そうした道理が根底にあるからだろう、勝利の方程式も明確に述べられている。とくに戦略で重視したのが「情報」だ。

それを顕著に表しているくだりが用間篇にある。

故に明主賢将の動きて人に勝ち、成功の衆に出ずる所以《ゆえん》の者は、先知なり。先知なる者は鬼神に取るべからず、事に象《かたど》るべからず、度《ど》に験《けみ》すべからず。必ず人に取りて敵の情を知る者なり。

（聡明な君主や智謀に長けた将軍が戦えば勝ち、人並み外れた成功を収めることができるのは、あらかじめ敵情をよく知るからだ。あらかじめ知るには、鬼神に祈ったり、いにしえの戦争から類推したり、自然の法則を調べて予測したりしない。必ず人を用いて敵情を知るのである。）

現代でこそ戦争は情報戦だといわれるが、二千五百年前にすでに孫武はそれを指摘している。情報分析ができていれば、戦争には必ず勝てる。勝利の導き方がわかるようになる。戦略を考えるうえでの要諦がここになる。

●最上策による勝利

情報活用が戦略立案で重視すべき要諦だとするのは、何事も一方を見て判断するのではなく、もう一方もよく見て、統体として眺めなければならないという「木を見て森も見る」思考習慣によるものだろう。

『孫子』では、生と死、彼と己、勝と敗、強と弱、利と害など対立的な概念から物事を見るように促している。一方の側面を見るだけではミスを招きやすく、複眼的に見なければ勝利は得られないとの考えだ。

是の故に智者の慮は、必ず利害に雑《まじ》う。利に雑りて而《すなわ》ち務めは信《まこと》なるべきなり。害に雑りて而ち患《うれ》いは解くべきなり。（九変篇）

（こうしたことから、智者は必ず利害の両面を見比べて判断する。利益がある一方で害はないかと考えるので、最善の判断ができる。害のある一方で利点はないかと考えるので、不安は消える。）

統体思考によって「**彼を知り己を知れば百戦殆うからず**」（謀攻篇）と自分と相手を分析すれば、自ずと戦い方が見えてくる。そうなれば、心に余裕が生まれてくる。余裕が生まれれば、相手を慮ることもできる。それが謀攻篇での「敵国を無傷のまま降伏させるのが上策で、敵国を打ち破り屈服させるのが次善の策」とのくだりに繋がっている。

このように『孫子』は徹頭徹尾、合理的、科学的見地から生み出された兵法だといえる。孫武自身が主張するように、『孫子』に記されたことを着実に行えば、戦争に負けることはない。

しかしながら、論理性に終始し、情緒的な戦いを回避しているわけではない。計略は合理的に立てることが良しとしながらも、勢いに乗じて運を引き寄せることの重要性も述べられている。

故に善く戦う者は、これを勢《せい》に求めて人に責めず、故に能く人を択《えら》びて勢に任ぜしむ。勢に任ずる者は、其の人を戦わしむるや木石を転ずるが如し。

統体思考：物事を長期的・広域的に見る思考。

（戦に長けた者は、勢いが勝利を呼ぶことを知り、兵個々の力量に頼らない。したがい、兵を適材適所に配置した後は、集団の勢いを生むことに専心する。勢いが生じれば、兵たちは坂を転がる丸太や石ころのように見事な力を発揮する。）

（勢篇）

集団に勢いをつけるのは将の役目である。その勢いが生まれれば、兵は自然と為すべきことを為す。しかも期待以上の力が発揮されると述べている。

このとき兵士の士気を上げるのが、大義名分である。国に残した者への愛慕、家族や知人との平和な営み、そうした生活を守るための大義名分が兵士の心に火をつける。一方で、その平和を乱す相手への敵対心、非道を働く相手への敵愾心を煽るのも将軍の役目として重要である。

『孫子』における完勝（上策）とは、敵を無傷のまま降伏させ、敵の兵や軍備、土地などをそのまま手に入れることである。それには、軍に勢いを生み兵の士気を高め、不安感を打ち消す。その状態を常に維持したうえで、将軍は「敵の計略を未然に打ち破る」計略を立てる。これを最善の策としている。

2 孫子のリーダーシップ

●五事七計に見る将の能力

いまも昔もリーダーが備える資質にそれほど大きな違いはないのではないだろうか。『孫子』を読めば、それが実感できる。この書は、戦乱の時代を生き抜く実践テキストであるが、将とは何かを説いたものでもある。

まず計篇でリーダーは「五事七計」をよく知ることが大事としている。「五事」は道理としての道、自然法則の天、戦場状況の地、軍隊を統制する将、軍制としての法のことだが、このうち将について、「臨機応変の才知、平や民からの信頼、兵や民を思いやる心、困難をものともしない勇気、軍隊を統制する厳格さ」をもつ者だと述べる。

そして五事を知る将軍は、続く「七計」を目安にして戦争に臨むことを提唱する。「君主への忠誠」「将軍の能力」「地勢的な優位性」「規律の遵守」「軍隊の戦闘能力」「軍隊の統制力」「信賞必罰の整備」の七計を自軍と敵軍を比較し、その優劣で戦うかどうかを事前に判断する。これも兵法の一つだと説く。

このうち「将軍の能力」について孫武は、才覚の前に人徳が大事だとする。戦略立案の能力よりも兵を動かすリーダーシップこそ将に求められる最大の要件であるのは、いまに通じる考え方だろう。もちろん才覚も必要だが、その才覚を最大化するものが人望だということだ。人望があれば、将としての風格も備わる。

この風格を表す態度について、『孫子』では次のように明言している。

故に進んで名を求めず、退いて罪を避けず、惟《た》だ民を是れ保ちて而《しか》して利の主に合うは、国の宝なり。（形篇）

（敵に打ち勝っても功名を求めず、敵に破れ敗退しても罰を恐れず、ただ一途に民を大切にし、主君の利益をはかる将軍は、国家の宝である。）

この真摯さに加え、冷静沈着に物事を進めることも風格を備えるうえでは重要だ。戦争には予期せぬことが頻出する。その度に慌てふためくようでは兵も混乱する。将とは、人一倍胆力があり、何事にも動じない心をもつ者でなければ務まらない。

だからこそ、些事にはこだわらない。計略については小さなことにも細心の注意を払うが、感情面では寛容さが大事だ。とくに克己の心は、兵をまとめるリーダーシップには必要だ。克己の心があれば、無駄な怒りを抑えることができる。怒りは冷静な判断に毒であることは、孫武もよく理解していたのであろう。

主は怒りを以て師を興すべからず。将は慍《いきどお》りを以て戦いを致すべからず。（火攻篇）

（君主たる者は一時の怒りによって兵を挙げてはならず、将軍たる者も一時の憤りによって戦いを始めてはならない。）

●リーダーの人間力

現代に至っても、リーダーシップの定義は難しい。かつては先頭に立ってメンバーを鼓舞しながら力技で組織をグイグイ引っ張る方法が尊ばれたこともあるが、いまではメンバーが自律的に活動できるように後方支援する方法が採られてきている。組織の目的や陣容によってリーダーシップの形も変わるため、一概にどれが正しいリーダーシップかは決めつけられない。
ただし、繰り返しになるが孫武が言うように、基本は「道」にあるのは疑いようがない。メンバーの心を一つにまとめるための道理に基づく。これが、組織全体が納得して自律的に動く動機になる。
それには当然のことながら、リーダーの人間力が大きい。人間力はその人に「仁」の心があるかどうかで見極めることができる。自分よりも他者を尊重する思いやりの心だ。これは戦争において優先すべき徳目の一つである。

卒を視ること嬰児の如し、故にこれと深谿《しんけい》に赴くべし。（地形篇）
（将軍が兵士を赤子のように思いやれば、兵士は危険な深い谷底であろうと将軍についていく。）

それゆえ、仁の不在には手厳しい。

而《しか》るに爵禄・百金を愛《おし》んで、敵の情を知らざる者は、不仁の至りなり。人

の将に非ざるなり。主の佐に非ざるなり。勝の主に非ざるなり。（用間篇）
（これほどの大事業の責にあるのに、官吏・兵卒・国民に爵位や俸禄や褒美の金を与えることを惜しみ、敵の情勢を探らずに戦う者は、民を慈しむ心のない不届き者である。こうした者は人の上に立つ将軍とはいえない。君主の補佐役とはいえない。勝利を司る者とはいえない。）

「仁」とあわせて大事な徳目が「義」、正義の心だ。情報戦を重視する孫子にとって、諜報活動をする間者は勝敗を左右する絶対的存在だ。よって間者を使う側の心がまえを用間篇で説いているが、その中に「これを使う者は深遠な智謀と慈悲や正義の志を備えていなければ、よく使いこなすことはできない」とある。人の心を動かすことの一つが、正義ということだ。

また、勇気も人間力を測る目安になる。戦うか否かの決断は勇気がなければなかなかできない。兵は将に勇気があるかどうかで信頼できるかどうかを判断するものだ。孫武は呉王闔閭《こうりょ》に取り立ててもらうために王の寵姫たちを軍隊に見立て演習を行ったとき、その王に対し「言葉だけで実践できない」と直言したが、これは非礼な態度である。しかし、位の上下にかかわらず正論をぶつける勇気は、周囲から見れば頼もしくもあり、信用もできる。自らの立場よりも、事の本質を衝く勇気は人間力を醸す要素と言える。このことを端的に述べているのが、謀攻篇だ。

夫《そ》れ将は国の輔《ほ》なり。輔、周なれば則ち国必ず強く、輔、隙《げき》あれば則ち国必ず弱し。故に君の軍に患《うれ》うる所以の者には三あり。軍の進むべからざるを知らずして、これに進めと謂い、軍の退くべからざるを知らずして、これに退けと謂う。是を軍を縻《び》すと謂う、三軍の事を知らずして三軍の政を同じくすれば、則ち軍士惑う。三軍の権を知らずして三軍の任を同じうすれば、則ち軍士疑う。

（将軍とは国家の補佐役である。だから補佐役が君主と強く結びついていれば国家は必ず強くなるが、その関係が希薄であれば、国家も弱体化する。そこで、補佐役は君主が軍を危機に追いやる三つの事柄に注意しなければならない。①軍隊が進むべきでないときに進軍を命じ、軍隊が退くべきでないときに退却を命じること。これでは軍隊は蹂躙される。②軍隊の内部事情を熟知せずに、軍の統制に勝手な口出しを行うこと。これでは兵たちを混乱させる。③軍隊を臨機応変に動かす術を知らずに、軍隊の指揮に口を出すこと。

これでは兵から不信を買う。）

君主の補佐役の将軍が、君主の過ちに諫言しなくては軍はもとより、国家も衰退させると説いている。

国家を永続させる志を全うするには、自らの立場を賭けてでも間違いを正す勇気が将軍には求められるのだ。

●戦上手の将軍

『孫子』では有能な将軍とはどんな資質をもつかを「戦上手の将軍」として直截的に説いている。

善く兵を用うる者は、役《えき》は再びは籍《せき》せず、糧《りょう》は三たびは載《さい》せず。用を国に取り、糧を敵に因る。故に軍食足るべきなり。（作戦篇）

（戦に長けた者は、民に二度も兵役を課さず、食糧を行軍と凱旋以外に三度も本国から追加補給することはない。必要物資は自国から運び、食糧は敵国でまかなう。こうすれば、食糧は充足できる。)

故に善く兵を用うる者は、人の兵を屈するも而《しか》も戦うに非ざるなり。人の城を抜くも而も攻むるに非ざるなり。人の国を毀《やぶ》るも而も久しきに非ざるなり。必ず全《まった》きを以て天下に争う。(謀攻篇)
(戦に長けた者は、敵兵と戦わずに屈服させ、城攻めをせずに落城させ、長期戦にもちこむことなく敵国を崩す策を謀る。こうして敵を無傷のまま傘下に治める戦略で天下を争う。これにより自軍も兵力を損なうことなく、完全な勝利を手にできるのである。これが謀略による攻撃の原則である。)

善く守る者は九地の下に蔵《かく》れ、善く攻むる者は九天の上に動く。故に能く自ら保ちて勝を全うするなり。(形篇)
(戦に長けた者は、自軍が劣勢か優勢かを判断し、劣勢の場合は地形を盾に敵に攻撃の隙を与えず、優勢の場合は天候の利を使う。だから、兵力の優劣にかかわらず、味方の軍隊を損なわずに完全勝利を収めることができるのである。）

故に善く戦う者は不敗の地に立ち、而して敵の敗を失わざるなり。（形篇）

（それゆえ、戦上手は、まず自軍を不敗の態勢にしてから戦争を始め、敵の態勢が崩れる機会を逃さず、すかさず攻撃に出るのである。）

善く兵を用うる者は、道を修めて法を保つ。故に能《よ》く勝敗の政《せい》を為す。（形篇）

（戦に長けた者は、道義に従い、軍制［規律］をよく守らせる。これにより、勝敗を事前に決することができる。）

故に善く戦う者は人を致して人に致されず。能く敵人をして自ら至らしむる者は、これを利すればなり。（虚実篇）

（したがって、戦に長けた者は、敵を思うように動かし、敵には思うように動かされない。敵を引き寄せられるのは敵に有利だと思わせることがうまく、敵を近づけさせないのは敵に不利だと思わせる策を使うからである。）

故に兵を知る者は、動いて迷わず、挙げて窮せず。（地形篇）

（それゆえ、戦い方をよく知る者は、敵、味方、地勢を見て軍を動かすため、繰り出す戦略戦術に迷いはなく、挙兵しても窮地に陥ることがない。）

所謂《いわゆる》古えの善く兵を用うる者は、能く敵人をして前後相い及ばず、衆寡《しゅうか》相い恃《たの》まず、貴賤相い救わず、上下相い扶《たす》けず、卒離れて集まらず、兵合《がっ》して斉《ととの》わざらしむ。利に合えば而《すなわ》ち動き、利に合わざれば而ち止まる。（九地篇）

（言い伝えによると、昔の名将は敵軍の前軍と後軍を分断し、大部隊と小部隊の連携を断ち、身分の高い者と低い者がお互いを支援しないようにさせ、上官と部下とが互いに助け合えないように仕組んだ。兵がばらばらになって集らず、集っても陣立てが整わないようにさせた。こうして、味方が有利とみれば動き、不利とみれば止まった。）

故に善く兵を用うる者は、譬えば率然の如し。（中略）**故に善く兵を用う**

る者、手を携うるが若くにして一なるは、人をして已《や》むを得ざらしむるなり。（九地篇）

（戦に長けた者は、常山《じょうざん》にいる卒然《そつぜん》と呼ばれる蛇のようである。（中略）戦争巧者が軍隊を動かすと、全軍がまるで一人の人間が動いているように整然と行動する。これは、軍隊をそうせざるを得ない状況に仕向けるからである。）

これ以外にも、有能な将軍の資質や条件がいくつも記されている。また、過ちを起こすことのない注意事項もいくつも列記されている。将軍はこれを読むことで実戦のノウハウを身につけられるばかりか、大いに自己啓発も促される。つまり、リーダーにとっての戦意高揚の書でもあるのだ。

3 孫子の組織論

●組織の運営

組織をまとめるには「道」に則ることが肝要だと先に説いた。それは将軍の人徳であり才智である。これを「徳治」という。この徳治とともに重視しなければならないのが、「法治」である。法治とは、法つまり法令や規律で組織をまとめることである。徳によって人の心を治め、法によって人の言動を治めるのである。この両者をバランスよく保つことで、軍は自律的に動き出す。

計篇「七計」のひとつに「法」がある。それによると、「敵と味方では、法令はどちらがよく厳守されているか」を戦う前に検討されなくてはならないほど、重視される。法令遵守が徹底していれば、「戦上手の将軍は、上下の人心を大切にする政治を行い、軍制（規律）をよく守る。だから、勝敗を自由に決することができる」（形篇）からだ。

よくスポーツの世界で規律（ディシプリン）の徹底が言われる。どんなに能力が高くても規律が守られないとチームの連帯感に綻びが生じる。逆に言えば、メンバー個々が規律を守ることで勝負に勝つための意思統一が生まれる。その規律が集団の力を倍加させることにもなり、期待以上の力を発揮することは、欧米人に比べ体格的に劣る日本人選手がチームスポーツで世界を席巻していることからも窺い知れる。

また、規律を遵守させるには指揮命令の系統が明確でなければならない。指示したことが速やかに実行される仕組みの構築も重要となる。『孫子』では軍の統制をはかるために、「口で言っても聞こえないから、鐘や太鼓といった鳴り物を使う。遠くからは見えないから目印となる旗や幟《のぼり》を用いる」（軍争篇）とあり、軍隊を動かすには誰にもわかる合図が大事だとしている。この合図もまた、周知されたルールということだ。兵士の誰もが理解できるような方法を用いることがポイントになる。

組織全体が決められたルールに迷いなく従うには、規律の単純化が重要になる。少しでも複雑になると、人によって解釈が違ってくる恐れが生じる。よって、組織を統制するには誰もがわかる言葉で、簡潔に示すことである。

指揮命令系統が明確でその遂行が速やかに行われることの次に行うべきことは、権限委譲の仕組みである。

規律と関連して、兵を動かし、組織をまとめるには賞罰の与え方が重要だ。兵の士気を上げるのも、軍の規律を厳しく遵守させるのも賞罰如何と言っても過言ではない。そのため、公明正大、妥当に運用することを心がけることが必要だ。功績によってメリハリを付けることは当然として、与えるタイミングは速やかに、恩賞なら皆の前で行う。逆に、罰は見せしめなのか、それとも反省を促すかで公開、非公開を使い分ける。これは現在も同じである。

●兵の登用と育成

『孫子』は「兵は国の大事なり」で始まる。この「兵」は「戦争」という意であると同時に「兵卒」でもある。いまで言う「企業は人なり」である。

戦争の大義を認識させ、それを実行させるのが将軍の役割である。一度勢いがつけば兵士は雪崩を打つように縦横無尽に働き出す。この勢いをつけるのが将軍の役割となる。

故に善く戦う者は、これを勢《せい》に求めて人に責めず、故に能く人を択びて勢に任ぜしむ。勢に任ずる者は、其の人を戦わしむるや木石を転ずるが如し。

（勢篇）

（戦に長けた者は、勢いが勝利を呼ぶことを知り、兵個々の力量に頼らない。したがい、兵を適材適所に配置した後は、集団の勢いを生むことに専心する。勢いが生じれば、兵たちは坂を転がる丸太や石ころのように見事な力を発揮する。）

ここで大事なのが、「さまざまな能力を備えた兵を選抜」することにある。このときの視点は将軍に求められる資質と同様に、「人徳」と「才智」である。一兵卒にそれを求めるのかとの指摘もあろうが、戦争とは大義を全うする大事業である。理想論かもしれないが、大事業を成功させるにはそこに関わる人々の意識が一つにまとまることが重要になる。企業経営を考えれば、そのことがよくわかるのではないか。

会社とは、社会の役に立つために存在する。どんな事業であれ、世の中に存在している以上、誰かの役に立たなければ意味がない。「誰かの役に立つ」という大義があるからそこで働く人たちは使命を感じる。その使命を形にするには、正しい心で工夫を凝らしながらより良く社会に提供する心がまえが必要だ。その素となるのが「人徳」と「才智」である。

よって、大義を果たす志をもつ者をよく見極め、その心があると認めたら、登用し、教育を行う。登用した後、そのままにしては有能な兵でさえ、自力ではなかなか伸びていかない。

乱は治に生じ、怯《きょう》は勇に生じ、弱は彊《きょう》に生ず。治乱は数なり。勇怯は勢なり。彊弱は形なり。（勢篇）

（混乱は統治の中から生じ、臆病は勇敢の中に芽があり、軟弱は屈強の中に潜む。統治と混乱の境は部隊の統制力次第である。勇敢か臆病かは軍隊の勢い次第である。屈強か軟弱かは軍隊の態勢次第である。）

教育の重要性は、昔もいまも変わらない。

参考文献

『孫子国字解』荻生徂徠著 江戸時代
『新訂 孫子』金谷治訳注 岩波文庫 2000
『新釈漢文体系 孫子呉子』明治書院
『宋本 十一家注孫子』上海古籍出版社出版
『論語徴』荻生徂徠著 江戸時代
『新釈漢文体系 史記1~14』明治書院
『新釈漢文体系 十八史略』明治書院
『新釈漢文体系 春秋左氏伝1~4』明治書院
『新釈漢文体系 韓非子』明治書院
『孫子』浅野裕一著 講談社学術文庫 1997
『孫子』町田三郎訳 中公クラシックス 2011
『新装版 孫子の兵法』守屋洋著 産業能率大学出版部 2011
『現代語訳 孫子』杉之尾宜生編著 日本経済新聞出版社 2014
『グリフィス版 孫子 戦争の技術』サミュエル・B・グリフィス著 漆嶋稔訳 日経BP社 2014
『老子×孫子「水」のように生きる』蜂屋邦夫／湯浅邦弘著 NHK出版 2015
『孫子の兵法戦略入門』楊先挙著 祐木亜子訳 日本能率協会マネジメントセンター 2011

※順不同

あとがき

『孫子の兵法』はもとより、古来の思想や哲学、教訓やことわざ等の教えを実生活で活かす方法は二つしかありません。

一つは、何かの教えを実践しようとするときに自分の中にある阻害するものを認識することです。謀攻篇に「彼を知り己を知る」とありますが、当たり前の教えのように思えたとしても、それが実践も簡単であるということを意味するわけではありません。

そもそも実践が簡単な教えが数千年も読み継がれないのです。いかに重要な教えでも、自分の中に存在する、実践を阻害するもの（性格・感情・習慣・先入観など）を認識し克服しなければ、実践は叶わず、教えは良き知識（情報）に留まります。

例えば日本人の誰もが知る「備えあれば憂いなし」は二千年前の、わかりやすい教えですが、果たしてどれだけの人々が万事において実践できているか、を想像いただければよくわかると思います。

もう一つが、素直に愚直に実践することです。計篇の「廟算」の重要さは本文でご理解いただいたと思いますが、実践しなければ実社会では意味がありません。「今回の事案は例外として「廟算」せずに即断しよう」を繰り返していては何も改善されません。

本書を手に取ったみなさんは、何か自分の思惑どおりに運ばないことがありそれを改善したい、もしくはこれからリーダーとしての胆識の源泉を得たいといった気持ちがあると存じます。これらを実現するには、実際の言動において改善に向けた実践をしていく他ありません。知識だけでは、決して状況は改善されませんし、リーダー力の向上も望めません。

克己復礼、以上のことを意識したうえで、あなたのリーダー力を向上し続けることが、事業発展及び社員や部下の物心両面の満足度を高めることにつながるのです。

二〇一七年三月

青柳浩明

［編訳者］

青柳 浩明（あおやぎ・ひろあき）

儒者。父（防大一期生。航空自衛隊戦闘機パイロット）の指導により幼少の頃から『論語』『孫子』等の漢籍を学ぶ。ビジネスの傍ら高島易断の大家である叔父に師事し『易経』他を学ぶ。三十余年のビジネス経験で裏打ちされた中国古典の啓蒙活動に務めている。（一財）岩崎育英文化財団理事。主な著書『リーダーを支える論語入門』（KADOKAWA）、『論語説法』（講談社）、『ビジネス訳論語』（PHP 研究所）他。

孫子の兵法　信念と心がまえ

2017 年 3 月 30 日　初版第 1 刷発行
2019 年12月 25 日　　　第 4 刷発行

編訳者 —— 青柳 浩明
発行者 —— 張 士洛
発行所 —— 日本能率協会マネジメントセンター

〒 103-6009　東京都中央区日本橋 2-7-1 東京日本橋タワー
TEL03（6362）4339（編集）／ 03（6362）4558（販売）
FAX03（3272）8128（編集）／ 03（3272）8127（販売）
http://www.jmam.co.jp/

装　丁 —— 岩泉 卓屋
印刷所 —— 広研印刷株式会社
製本所 —— ナショナル製本協同組合

ISBN 978-4-8207-1968-7 C2034
落丁・乱丁はおとりかえします。
PRINTED IN JAPAN

Contemporary Classics Series

【いまこそ名著】

武士道
ぶれない生きざま

新渡戸稲造
前田信弘 編訳

サムライの魂をいまに――。

論語と算盤
モラルと起業家精神

渋沢栄一
道添 進 編訳

覚悟を決めるのが唯一の方策。